사진으로 쉽게 알아보는

한국의 민물고기 도감

special thanks 김석현
사진을 제공해주신 네이버 블로거 퉁갈리아 님께 진심으로 감사드립니다.

사진으로 쉽게 알아보는

한국의 민물고기 도감

엮은이_ 자연과 함께하는 사람들

♣ Freshwater fish in Korea — 우리 강과 계곡에 숨쉬고 있는 보물

머리말

분명 우리 것인데도 참 낯설게 느껴지는 것들이 있습니다. 무심히 바라보다가, 잊고 살다가 문득 정신을 차려보니 여태까지 곁을 지키고 있는 다정한 친구처럼, 그렇게 말없이 물끄러미 우리 곁에서 깜짝깜짝 놀라게 만드는 것들이 있습니다.

불과 40년 전만 하더라도 이삼십 분 거리만 나가도 하천을 만날 수 있고, 조금만 더 달음질치면 으레 강을 만날 수 있어서 다른 오락거리가 없던 아이들은 삼삼오오 모여 시간을 보내곤 했습니다. 강둑은 계절마다 흐드러지게 꽃들이 피어 자태를 뽐내고 물속 생물들, 특히 헤엄치는 물고기들이 종을 막론하고 지천에 깔려 해가 지는 줄도 모르고 강에서 놀곤 했었지요.

각시붕어, 동자개, 꺽지, 버들가지, 어름치…….

이름부터가 참으로 예쁩니다.

물고기에 별로 관심이 적었던 터라 밥상 위에 올라오는 생선 몇 개의 이름을 제외하곤 전혀 아는 것이 없었지만, 리더 역할을 담당하던 친구가 물고기에 대해 신나게 침을 튀겨가며 얘기를 할 때면 두 귀를 쫑긋 세운 채 두 눈을 반짝이면서 듣곤 했었습니다.

만약 그때, 강에 사는 민물고기들에 대한 설명이나 사진으로 소개된 책이라도 한 권 있었더라면 어땠을까요? 하라는 공부는 않고 딴짓한다고 혼을 내는 부모님의 잔소리에도 아랑곳 않고 아마 밤 새워 끝까지 읽어 내려갔을지도 모릅니다.

한반도의 동맥 한강, 영남의 자랑 낙동강, 남도의 젖줄 섬진강, 생태계의 보고 동강, 백제의 옛 기억을 간직한 금강 등등 우리나라엔 물고기를 담은 생명의 그릇인 큰 강들이 많이 있습니다. 이곳을 터전 삼아 살고 있는 민물고기들에 대한 이야기들 역시 무궁무진하게 많습니다. 이제라도 관심을 갖고 새롭게 하나하나 알게 되어 그나마 다행이랄까요.

그때 그 시절, 물고기에 대해 해박했던 친구 녀석처럼 이 책은 맑고 깨끗한 우리 강에 서식하고 있는 물고기들을 멋진 사진과 더불어 아주 흥미진진하게 풀어놓고 있습니다. 무척 신기했지만 미처 몰랐던 토종물고기들이나 이름을 다르게 알고 있던 민물고기들은 물론, 오랫동안 우리 곁을 지켜준 고마운 그들의 생김새, 습성 등을 되도록 상세하게 안내하고 있습니다.

이 책을 접하는 여러분도 우리 강의 오랜 지킴이들의 이야기를 읽으면서 관심을 갖고 공감할 수 있는 부분이 보다 더 생겼으면 좋겠습니다. 아울러 토종물고기들을, 강을, 자연을 사랑하는 마음이 더욱 돈독하게 되셨으면 좋겠습니다. 봄기운이 완연한 주말 오후, 눈처럼 쏟아지는 벚꽃을 뚫고 사랑하는 아이들과 함께 물고기가 살고 있는 강둑을 멋지게 자전거로 달려보셨으면 좋겠습니다.

자연과 함께하는 사람들

차 례

Chapter 2 바다 건너 온 민물고기 · 111

Chapter 3 천연기념물 민물고기 · 133

Chapter 4 멸종위기의 민물고기 · 155

Chapter 5 한국의 토종 민물고기 · 211

tip 민물고기 이야기

민물고기의 정의

민물고기란? | 민물고기와 바닷물고기는 무엇이 다를까?
민물고기의 구조 | 민물고기의 먹이

민물고기란?

바닷물이 아닌 물, 즉 염수가 아닌 담수에 살고 있는 물고기를 말한다. 세계적으로 8천여 종이 있다고 알려졌으며 우리나라에는 모두 212종이 서식한다. 민물고기는 1차 담수어와 2차 담수어로 나누는데, 1차 담수어는 민물에서 태어나 민물에서만 살아나가는 보통의 순수한 민물고기를 말하고, 2차 담수어는 민물과 바닷물을 왕래하는 물고기로 기수어라고 부른다. 한편, 2차 담수어 중 알을 낳기 위해 강으로부터 바다로 이주하는 뱀장어류를 강하성 물고기

뱀장어

연어

라고 한다. 거꾸로, 대부분 바다에서 성장하다가 강에 거슬러 올라와서 알을 낳는 물고기들을 소화성 물고기라고 하는데, 대표적인 것으로 연어, 칠성장어 등이 있다. 또한, 1차 담수어를 계류성 물고기, 2차 담수어를 회유성 물고기라고도 부른다.

칠성장어

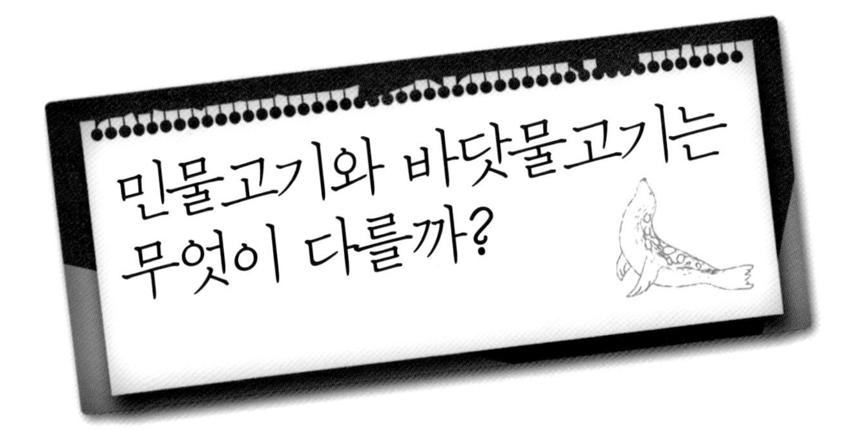

민물고기와 바닷물고기의 제일 큰 차이는 체액(몸속에 들어 있는 물)의 조절 방법이다. 민물고기는 민물보다 체액의 농도가 더 높다. 즉, 민물보다 피가 더 진하기 때문에 삼투압 현상으로 물이 계속 민물고기 몸속으로 들어가게 되며, 민물고기들은 들어온 물을 계속 배설기관을 통해 내보낸다. 반대로 바닷물고기들은 체액보다 바닷물이 더 진하다. 즉, 피보다 바닷물이 더 진해서 배추가 소금에 절듯이 몸에서 계속 수분이 빠져 나간다. 이렇게 부족한 수분을 보충하기 위해서 바닷물고기들은 바닷물을 계속 먹고 장에서 역삼투 작용으로 물을 뽑아내서 보충하고 농축된 염분은 배설기관에서 밖으로 내보낸다. 민물고기의 오줌이 묽고 많으며, 바닷물고기의 오줌이 진하고 소량인

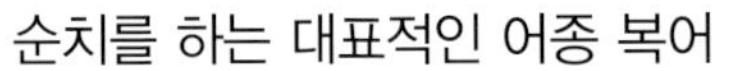

순치를 하는 대표적인 어종 복어

민물고기

것은 이 삼투압 조절의 결과이다.

위의 두 가지 기관이 같이 있는 기수어들은 민물과 바닷물의 중간 정도의 농도에서 잘 산다. 한편, 담수에 있던 것을 갑자기 바닷물에 넣으면 죽지는 않지만 몸의 수분이 빠져 나가 홀쭉해진다. 물론 적응을 하고 나면 괜찮아진다. 이런 적응과정을 순치라고 한다.

바닷물고기

민물고기의 구조

어류는 머리, 몸통, 꼬리 세 부분으로 나누어지며, 아가미에서 앞쪽이 머리 부분이고 항문에서 뒤쪽이 꼬리 부분이다. 어류의 가장 일반적인 형태는 방추형이고 몸 옆쪽에 옆줄이 선상으로 배열되어 있는데 이것으로 수온, 촉각, 진동 등의 물리적 자극을 감지하는 역할을 한다. 또한 물속에서 평형 유지와 운동을 보조하기 위해 지느러미가 있다.

물고기는 물에 녹아 있는 산소를 흡수하고 이산화탄소를 배출한다. 이러한 호흡작용은 아가미를 통해 하는데, 체내의 산소 및 이산화탄소 수송은 혈액이 담당하며 아가미 근처에 있는 심장을 중심으로 이루어진다.

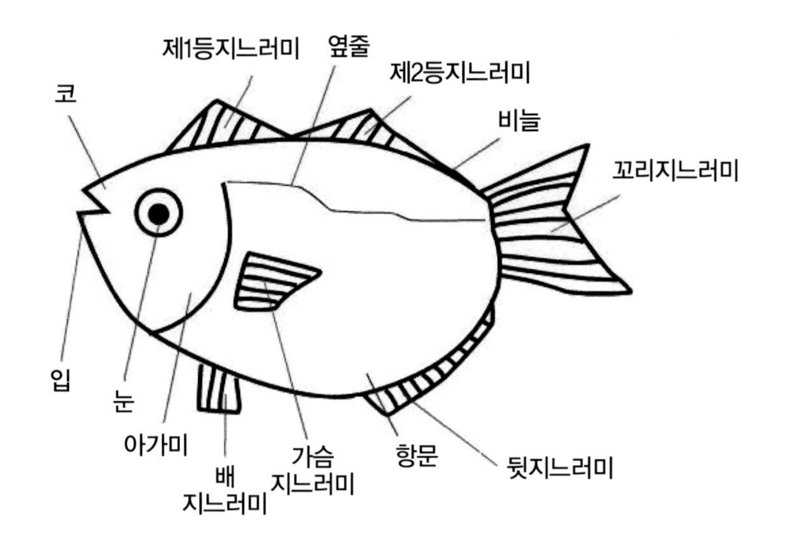

체형

어류는 몸의 기본적인 구조와 기능이 다른 척추동물들과 비슷하다. 전형적인 어류의 몸은 유선형에 방추형으로 앞에는 머리와 아가미, 심장이 있다. 머리 뒤의 몸통 아래쪽에는 체강이 있는데 여기에는 중요한 기관들이 들어 있다. 항문은 체강의 말단부에 있지만 대체로 뒷지느러미의 기부에 있다. 신경색과 척추는 머리의 뒷부분에서 꼬리지느러미의 기부까지 연속되는데 체강의 등 쪽을 지나서 꼬리부까지 이어진다.

대부분의 어류는 등 쪽에 1개의 등지느러미를 갖지만

2,3개의 등지느러미를 갖는 종류도 있다. 이밖에 하나의 꼬리지느러미와 뒷지느러미, 쌍으로 된 가슴지느러미와 배지느러미가 있다.

피부

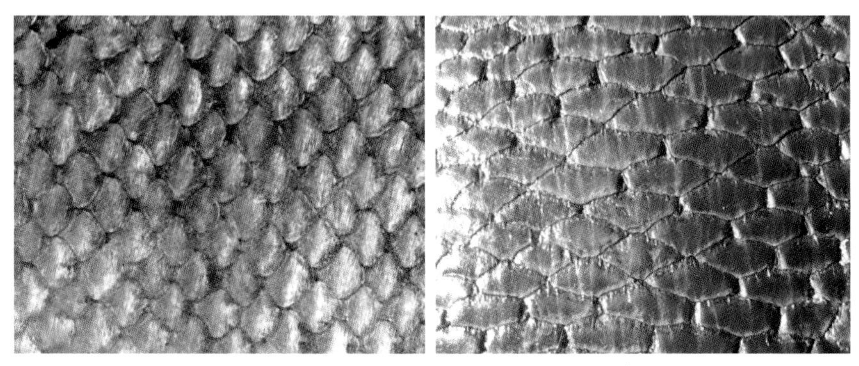

어류의 비늘(피부)을 확대한 모습

어류의 피부는 삼투적 평형을 유지하는 데 중요한데 몸을 보호하며 색깔을 띠고 있다. 또 감각 수용기를 가질 뿐만 아니라 일부 어류에서는 호흡 기능도 수행한다.

소화

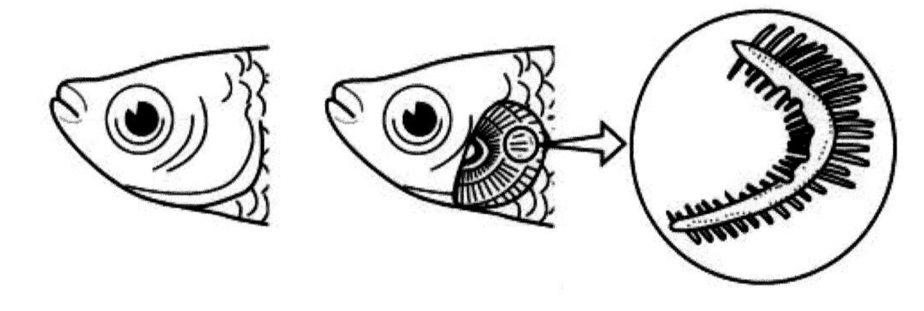

육식어류의 입모양과 메기의 아가미갈퀴

어류의 입 모양과 이빨 구조는 대체로 먹이의 종류에 따라 아주 다르다. 대부분의 어류는 작은 무척추동물이나 어류를 잡아먹는 포식성이어서 턱이나 입 천장 또는 아가미구멍에 단단한 송곳니가 있다. 일부 메기류는 턱에 작은 칫솔 모양의 이가 있어서 바위에 있는 동식물을 훑어낸다. 일부 어류는 아가미의 안쪽에 있는 가늘고 딱딱한 많은 아가미갈퀴로 플랑크톤성 먹이를 걸러 모은다. 먹이가 일단 목에 도달하면 근육성 관벽의 식도로 들어가 위에서 소화된 후 액체상태로 된다.

호흡

산소와 탄산가스는 물속에 녹아 있어서 대부분의 어류는 아가미를 통하여 물속의 산소와 체내의 탄산가스를 교환한다. 입 안으로 물이 들어와 아가미판 사이와 새사(鰓死: 물고기의 아가미 안에 있는 빗살 모양의 숨을 쉬는 기관) 위를 지나면서 가스 교환이 일어난다. 경골어류에서는 아가미가 아가미 뚜껑에 의해 보호되지만, 상어나 가오리 그리고 일부 화석종에서는 피부의 덮개에 의해 보호된다. 대부분의 어류는 부레라고 하는 부침조절기관을 가지며 그것은 체강의 신장 바로 아래쪽에 있다.

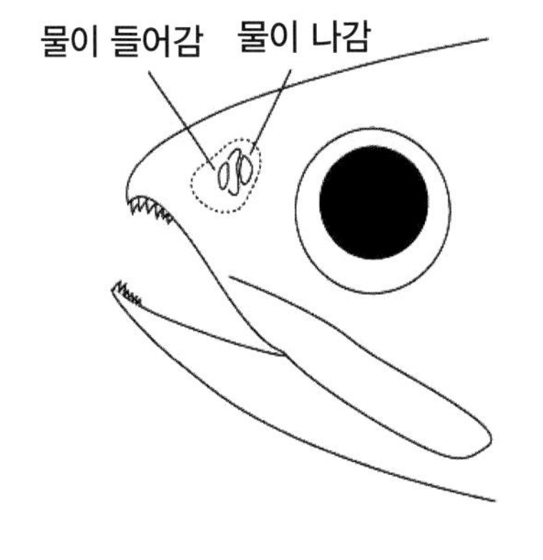

후각

후각은 거의 모든 어류한테 중요하다. 눈이 아주 작은 어떤 뱀장어 종류는 전적으로 후각에 의지하여 먹이를 얻는다. 어류의 후각기인 코는 주둥이의 등 쪽에 있다. 어류의 코에는 물속에 녹아 있는 먹이로부터 나온 화학물질을 감지하는 특수한 감각세포가 있어 감각 정보를 제1뇌신경을 통해 뇌에 전달한다.

미각

어류는 구강뿐만 아니라 머리와 몸통에도 작은 구멍으로 된 미각기관이 잘 발달되어 있다. 흔히 시각이 좋지 않은 메기류에서는 수염이 보조적인 미각기로 작용하여 먹이를 찾는 데 이용된다.

시각

어류의 눈은 다른 척추동물들의 눈과 기본적으로 유사하다. 어둡고 침침한 물속 환경에서 사는 물고기의 눈은 크지만 퇴화되었고 대신 미각과 같은 다른 감각기관이 발달했다. 빛이 잘 드는 얕은 물에 사는 물고기의 눈은 비교적 크기가 작지만 효과적이다. 대부분의 어류에는 구형의 수정체가 있고, 이것을 움직여 멀리 있거나 가까이 있는 물체에 초점을 맞춘다. 얕은 곳에 사는 물고기의 다수는 색을 구별한다.

청각

청각기관은 눈의 뒤쪽에 있는데, 음파 특히 저주파는 물을 쉽게 통과하며, 몸과 머리의 체액과 뼈에 곧바로 부딪혀 청각기관에 전달된다. 많은 어류는 부레에서, 또 이빨을 쓸어 목에서, 그리고 다른 방법을 써서 소리를 내어 의사를 전달한다.

어류의 먹이인 플랑크톤과 부유생물의 모습

민물고기의 먹이사슬은 강한 것이 약한 것을 잡아먹는 약육강식의 원리가 철저히 적용된다. 민물고기는 식성에 따라서 동물성과 식물성 및 잡식성으로 구별되며, 동물성 민물고기에는 송사리와 왜몰개처럼 동물성 플랑크톤을 먹는 종류가 있다. 또한, 수서곤충과 유충 혹은 작은 무척추동물을 먹는 동자개 등과, 다른 물고기를 잡아먹는 메기와 쏘가리, 가물치 및 꺽지 등이 있다. 식물성 민물고기로는 은어처럼 물속 바위나 돌의 표면에 붙어 있는 부착조류를 먹는 종류가 있으며, 식물성 플랑크톤을 먹는 중국의 백련어, 수초를 먹고 사는 초어 등이 있다. 잡식성 민물고기는 동물성과 식물성을 모두 먹고 사는 종류를 일컬으며 대부분의 민물고기가 여기에 속한다.

CHAPTER 1

자주 만나는 민물고기

01

일반어종

피라미 Zacco platypus

하찮은 물고기의 대명사

※다른 이름: 불거지, 가래, 꽃가리, 비단피리, 세비, 피리, 지우리

- 영명: pale chub
- 분류: 잉어과
- 크기: 10~15cm
- 색깔: 청갈색 또는 은백색
- 서식지: 하천의 중 · 상류
- 산란기: 6~8월
- 식성: 잡식성

3년쯤 자란 성어가 보통 10~15cm 정도이며 몸은 옆으로 납작하고 긴 날씬한 체형을 갖고 있다. 늦가을부터 봄까지는 암수 구별이 힘들지만 여름에는 수컷이 혼인색을 띠기 때문에 쉽게 구별할 수 있다. 즉 산란기에는 암수가 다른 종처럼 보이는데, 이는 수컷이 화려한 검붉은 갈색이나 황

금빛의 혼인색을 띠기 때문이다.

낚싯대에 붕어나 잉어가 걸려 올라오면 환호성이 쏟아지지만, 피라미가 걸려 올라오면 여기저기서 탄식이 흘러나온다. 약하고 하찮은 물고기의 대명사로 낚시꾼들 사이에서는 골칫거리지만, 낚싯대를 드리우기만 해도 잘 물어주니 피라미는 손쉽게 잡을 수 있어서 가족낚시의 대상어로 삼기에 그만이다. 계곡이나 강, 호수 등 어디에나 살기 때문에 쉽게 만날 수 있는 것도 장점이다. 입질 후 물속에서 서서히 모습을 드러내는 혼인색을 띤 수컷 피라미는 늠름하기까지 하다. 따가운 햇볕이 내리쬐는 여름철이면 물살이 느리고 모래나 자갈이 깔린 곳에 산란장을 만들고 암컷과 수컷이 함께 들어가 알을 낳는다. 가시고기나 동사리처럼 피라미는 암컷이 알을 보호하지 않기 때문에 다른 물고기의 쉬운 먹잇감이 되기도 한다. 뼈가 연하여 찜을 하거나, 매운탕, 튀김 등으로 먹으면 맛이 좋다.

02

일반어종

미꾸라지 Misgurnus mizolepis

정력을 샘솟게 하는 스태미너의 제왕

❀다른 이름: 미꾸리, 웅구락지, 용주래기, 미꼬리, 밀꾸리

- 영명: Chinese weatherfish
- 분류: 잉어목 미꾸리과
- 크기: 10~20cm
- 색깔: 밝은 담황색
- 서식지: 하천 중하류
- 산란기: 4~7월
- 식성: 잡식성

미꾸라지의 가장 큰 특징은 아가미 외에 장으로도 호흡을 한다는 점이다. 배는 밝은 담황색이지만 몸통의 등은 어두운 색이라서 유속이 있는 곳에서는 찾기

힘들다. 대략 10~20cm로 가늘고 길며 매우 미끄럽다. 주둥이는 아래쪽에 있는데, 입가에 세 쌍의 수염이 있다. 진흙 속의 유기물을 주로 섭식하며 연못, 논, 도랑 등 진흙이나 모래가 깔린 곳, 물이 느리게 흐르거나 고여 있는 곳에 많이 산다.

대부분 미꾸리를 미꾸라지의 방언이라고 생각하지만 둘은 엄연히 다른 종이다. 입가에 수염이 달려 있고 미끌미끌하며 흙 속으로 파고들어가는 습성 등은 같지만, 미꾸리와 미꾸라지는 염색체 수가 달라 유전적으로 엄연히 구분된다. 시각적으로 몸통이 약간 둥근 것이 미꾸리이고 세로로 납작한 것이 미꾸라지이다. 양식업자들은 이러한 특징을 살려 각각 "둥글이"와 "넙죽이"로 구분한다. 미꾸리가 미꾸라지보다 더 강한 종이어서 예전에는 미꾸리

가 더 많이 잡혔다. 우리가 예전 맛있게 먹었던 것은 미꾸리였다. 그런데 요즘엔 미꾸라지를 쓰는 추어탕집이 대부분이다. 이유는 양식장에서 미꾸라지가 미꾸리에 비해 더 빨리 자라기 때문이다.

한자 추(鰍)에 나타나 있듯이 미꾸라지는 가을철 대표 보양식품이다. 산란기를 맞이해 먹이 활동이 왕성해지는 봄철 미꾸라지도 맛이 좋지만 동면을 앞둔 가을 미꾸라지는 살이 통통하게 영양부터 맛까지 흠잡을 곳이 하나도 없다. 미꾸라지는 살아 있는 것을 사용해야 하며 몸길이가 10cm 정도 크기가 가장 적당하다. 미꾸라지는 지방 함량이 적어 칼로리가 낮으며 함유된 지방이 고급 불포화 지방산이어서 고혈압, 동맥경화, 비만환자들에게 아주 좋다.

–미꾸라지와 미꾸리

미꾸리는 밑구리, 즉 밑이 구리다는 말에서 나온 것이다. 미꾸리의 항문에서 기포가 방출되는 것이 꼭 방귀를 뀌는 것처럼 보여 붙여진 이름이다.

미꾸라지는 미끈미끈한 비늘을 가지고 있어 표면이 미끄럽기 때문에 붙여진 이름이다.

미꾸리

미꾸라지

우리들 주변에서 흔히들 볼 수 있었던 미꾸리와 미꾸라지.

어렸을 때 도랑에서 잡아 올려 매운탕을 끓여먹던 미꾸리와 미꾸라지가 서로 다른 종이라는 것을 아는 사람이 얼마나 될까?

물고기를 어지간히 안다는 사람들도 미꾸라지와 미꾸리는 같은 종인데 지역에 따라 이름이 달리 쓰이는 것으로 착각하고 있다. 그러나 미꾸리는 미꾸라지의, 미꾸라지는 미꾸리의 사투리가 아니다. 서로 다른 민물고기다. 미꾸리는 수염이 짧고 몸통이 둥근 데 비해서 미꾸라지는 긴 수염에 좀 납작하다. 그래서 재래시장에 가면 '동글이'와 '납작이'로 확연히 구분하여 팔고 있다. 따라서 미꾸라지와 미꾸리는 분류학상으론 분명히 별종이다. 그러나 같은 속(屬)에 속하는 가까운 종이다. 식성도 거의 같다.

오래 전부터 미꾸리와 미꾸라지는 함께 살았다. 한 개울에서 잡아도 미꾸리와 미꾸라지는 섞여 나왔다. 그러나 잡히는 숫자는 미꾸리가 더 많았다. 미꾸리는 미꾸라지보다 생명력이 강해 더욱 많이 번성했다. 맛에서도 미꾸리가 미꾸라지보다 구수한 맛이 더 있어 어른들은 미꾸리를 선호했다. 그런데 요즘 추어탕 집에서 쓰는 것은 미꾸라지가 대부분이다. 이유는 미꾸라지가 미꾸리보다 빨리 자라기 때문이다. 추어탕감으로 쓰려면 15cm 정도는 돼야 하는데, 치어를 받아와 이 크기에 이르기까지 기르려면 미꾸라지는 1년, 미꾸리는 2년을 넘겨야 한다. 그러니 양식업체는 당연히 미꾸라지를 선호하게 되고, 추어탕 집에서는 이 미꾸라지로 탕을 끓일 수밖에 없는 것이다. 나이 드신 분들이 추어탕 맛이 예전과 다르다고 불평하는 까닭은 바로 이 재료의 변화에 있다고 보면 된다.

국내의 많은 추어탕용 민물고기가 중국에서 치어로 수입돼 양식된다. 국내에서 증체시킨 미꾸리가 국내산 미꾸리로 둔갑하는 경우도 있다. 그러고 보면 미꾸리, 미꾸라지 논쟁은 하릴없는 일이다.

03

일반어종

붕어 Carassius auratus

3초만 지나면 까먹는 기억력

※다른 이름: 논붕어, 부어, 북어, 붕애, 붕에, 땅붕어

- 영명: crusian carp
- 분류: 잉어과
- 크기: 20~40cm
- 색깔: 엷은 황갈색
- 서식지: 늪, 하천, 저수지
- 산란기: 4~7월
- 식성: 잡식성

잉어와 비슷한 형태이지만 입가에 수염이 없어 구분된다. 일반적으로 엷은 황갈색이 가장 많으나 서식지의 환경에 따라 다르다. 흐리고 어두운 곳에 사는 개체는 검회색이 많으며, 맑은 물에 사는 개체는 흰색이 많다. 2급수가 주서식지이지만 3

급수 이하 더러운 물에서도 살 수 있으며, 간디스토마의 숙주이기 때문에 회로 먹어서는 안 된다.

흔히 말하는 월척은 길이 30cm가 넘는 붕어를 일컫는 말이다. 다른 물고기는 아무리 커도 월척이라고 부르지 않는다.

붕어는 3초만 지나면 까먹는다고 한다. 낚시에 걸려 올라오다가 놓치는 경우가 있는데 금방 까맣게 잊어버리고 또다시 걸려든다. 또한 양식장에서 건져다 낚시터에 방류시켜 보면 두 시간이 못 가서 다시 걸려든다. 붕어라는 칭호는 닭대가리와 함께, 머리가 나쁜 사람이 듣는 창피하고 수치스런 별명이다. 하지만 먹이를 주면 먹이 주는 사람을 알아볼 정도의 학습능력과 기억력이 있다고 한다.

물고기 중에서 가장 머리가 나쁘다는 말은 편견이다.

붕어는 환경에 대한 적응력이 강하다. 그래서 산간의 계곡 및 고산 지대를 제외하고는 우리나라 전역에 걸쳐서 분포한다. 특히 낚시 대상 어종으로 가장 중요한 위치를 차지하며 보약이나 반찬으로 애용되는 물고기이다.

–붕어의 수명과 특성

붕어의 나이를 판단하는 쉬운 방법은 비늘을 떼서 확대경으로 확인해 보는 것이다. 붕어의 비늘에는 나무의 나이테같이 가는 줄과 굵은 줄로 이루어진 나이테가 있으며, 굵은 줄이 한 살을 의미한다고 보면 된다. 즉, 줄이 다섯 개면 대략 다섯 살쯤 된 붕어라고 할 수 있다. 붕어의 평균 수명은 대략 15년 정도이지만, 환경여건에 따라 20년을 살 수도 있다고 한다.

우리가 월척이라 부르는 놈은 적어도 정상적인 환경 하에서 6~9년은 지난 개체가 아닌가 생각된다. 월척이 귀하고 가치 있는 것은 갓 태어난 여

붕어의 치어

린 붕어가 숱한 위험과 난관을 겪고 무사히 자라날 확률이 그만큼 적기 때문이다. 각종 육식어종으로부터의 공격을 피해야 하고 환경파괴, 오염 등으로부터도 살아남아야 하며, 가장 무섭고 집요한 천적, 바로 인간으로부터의 유혹에서 살아남아야 비로소 30cm 이상의 월척이라는 타이틀을 거머쥘 수 있다.

특별한 방어수단이 없는 붕어의 경계심은 어느 물고기보다 강할 수밖에 없다. 이는 이 경계심만이 붕어의 유일한 생명연장 수단이 되기 때문이다. 붕어는 항시 수초나 바위 등 은폐물을 거점으로 은신처를 정하고 일정한 반경 안에서만 활동하는 소극적인 습성을 갖고 있다. 회유 시에도 항상 다니던 길만을 이용하고 몸을 쉽게 숨길 수 있는 수초나 바위 틈 등 은폐물을 끼고 이동한다. 하지만 아이러니하게도 이러한 습성이 붕어의 생명을 단축하는 지름길이 되기도 한다.

또한 붕어는 물살을 거슬러 올라가지 않으며 상·하류를 가로질러 옮겨 다니지도 않는다. 다만, 산란기가 오면 알을 붙이기 용이한 연안 수초대로 이동한다. 그러나 이것은 일시적인 현상이며, 물이 줄어들면 하류로 이동하고 장마나 홍수로 물이 불어나면 상류로 옮기는 것은 환경변화에 따른 붕어만의 본능적인 생존전략이다. 붕어는 냉혈동물이지만 동면을 하지 않고 기나긴 겨울 동안 수초 더미 속에서 거의 움직이지 않고 에너지 소비를 최소화한다.

04

일반어종

메기 *Silurus asotus Linnaeus*

물속의 난폭자

❀다른 이름: 미오기, 미유기, 미어기

- 영명: catfish
- 분류: 메기과
- 크기: 30~60cm
- 색깔: 암갈색, 흑갈색
- 서식지: 전국의 하천
- 산란기: 5~7월
- 식성: 육식성

우리나라에는 모두 14종의 메기가 산다. 동자개나 자가사리도 이에 포함되며, 메기속에는 메기와 미유기 2종이 있다. 입 주위에 고양이처럼 긴 수염을 두 쌍 갖고 있기 때문에 외국에서는 캣피시라고 부른다. 머리는 위아래로 납작하고 몸에 비늘이 없다. 옛 기록을

보면 종어(宗魚)라고 하였는데 이는 민물고기 가운데 으뜸이라는 뜻이다.

메기는 수컷이 마치 뱀처럼 몸을 동그랗게 틀면 그 안으로 암놈이 세차게 빠져나가면서 노란색 알을 수초나 자갈밭에 산란한다. 30cm 크기의 암놈 한 마리가 낳는 알의 개수는 1만~1만 5천 개, 60cm급은 무려 10만 개 가량의 알을 낳는 것으로 알려져 있다. 수정된 알은 3~4일이 지나면 부화하기 시작한다. 1m 가까이 자라며 최대수명은 40년이다.

메기의 학명 아소투스(asotus)는 수염의 감각이 뛰어난 것을 지칭하는 말이기도 한데, 수면 근처의 작은 물고기나 개구리 등을 수면 밑에서 날쌔게 튀어 올라와 덥석 잡

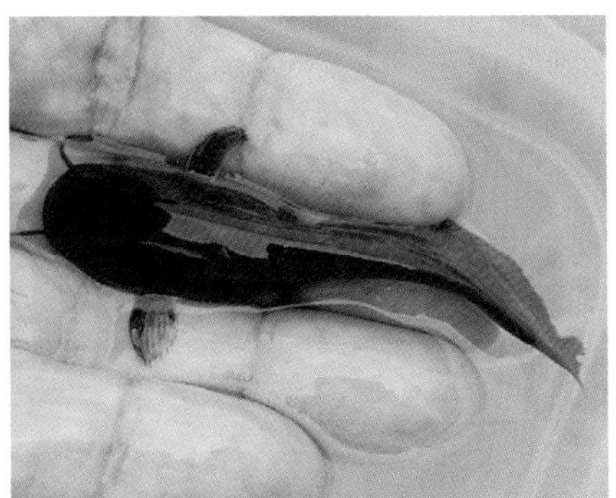

아먹는 것도 수염의 감각 덕분이다.

전국의 강과 하천에 널리 분포하는 야행성 물고기여서 주로 밤낚시로 잡는다. 동의보감에 '메기는 성질이 따스하고 맛이 달며 독이 없어 부종을 내리며 소변을 잘 나오게 한다'고 기록되어 있다.

매운탕이 으뜸이며 푹 고아 만든 곰국은 빈혈이나 콩팥 기능이 좋지 않은 사람에게 효과가 있다.

05

일반어종

빙어 Hypomesus olidus

겨울이면 나타나는 호수의 요정

※다른 이름: 민물멸치, 공어, 메르치, 방아, 뱅어, 보리붕어, 병어

- 영명: pond smelt
- 분류: 바다빙어과
- 크기: 10~15cm
- 색깔: 암청회색
- 서식지: 동해와 서해의 하천
- 산란기: 2~4월
- 식성: 육식성

몸은 가늘고 길며 뒷지느러미의 등 쪽 위치에 기름지느러미가 있다. 몸 색깔은 황갈색 또는 암청회색이다. 산란기가 되면 수컷은 온몸이 흑갈색으로 변하여 혼인색을 나타낸다. 연안이나 하구에 서식하지만 육봉(陸封: 바다로 가는 성질이

있는 물고기가 환경의 변화 등으로 인해 호수나 연못에 갇혀 대대로 살게 되는 현상)이 되기도 한다.

빙어는 보통 때는 좀처럼 보기 힘들지만 겨울바람이 불고 강물이 얼기 시작하면 비로소 그 모습을 나타낸다. 이에 조선말 실학자 서유구가 얼음 '빙'(氷)에 물고기 '어'(魚)자를 따서 빙어란 이름을 붙였다. 동물성 플랑크톤을 주식으로 하며, 차가운 물에서만 서식하는 냉수어종인 빙어는 몸의 내장이 투명하게 비칠 정도로 깨끗하다. 예로부터 몸에서 오이의 향이 난다고 해서 오이 과(瓜)자를 붙여 과어라고도 불렀으며, 일본에서는 공어라 부르는데, 속이 빈(空) 물고기라는 뜻으로 겨울에 먹이를 먹지 않아 이런 이름이 붙었다.

요리로도 인기가 있고 특히 겨울철 낚시 어종으로 각광

을 받고 있지만, 회로 먹는 것은 가급적 삼가야 한다. 빙어는 적응력이 강해서 2~3급수에서도 잘 살아가므로 디스토마에 안전하다는 보장이 없기 때문이다. 산란기는 2~4월이며, 몸길이 10~13㎝인 개체는 흔히 볼 수 있으나 15㎝ 이상인 개체는 보기 어렵다. 간단한 낚시 도구만 있으면 여자나 어린이들도 쉽게 낚을 수 있다.

06

일반어종

버들치 Phoxinus oxycephalus

1급수의 표본

※다른 이름: 버드치, 버들가지, 중태기, 버들갱이, 버들납치

- 영명: Chinese minnow
- 분류: 잉어과
- 크기: 8~15cm
- 색깔: 노란 갈색
- 서식지: 넓은 하천과 호수, 좁은 산간 계류
- 산란기: 5~6월
- 식성: 잡식성

몸은 길고 옆으로 납작하지만 피라미에 비하면 원통형에 가깝다. 입수염은 없고 아래턱이 위턱보다 짧다. 몸의 바탕은 노란 갈색이지만 등 쪽이 짙고 배는 연하다. 몸 양옆으로 짙은 갈색의 작은 반

점들이 많이 흩어져 있다. 계류의 맑고 찬 1급수에서 조용히 헤엄치며, 무엇을 미끼로 쓰든지 잘 낚이는 까닭에 온순, 정직, 어리숙한 물고기로 잘 알려져 있다.

버들치는 사촌격인 버들개와 함께 동해의 수계를 제외하고 우리나라 전 지역에 골고루 분포하는 붕어, 잉어만큼이나 잘 알려진 물고기로서, 컴퓨터를 열어 검색하면 버들치 매운탕, 버들치 튀김, 버들치 잡는 법 등이 모니터를 채울 만큼 가득 나온다. 암자나 사찰이 있을 법한 계곡의 깨끗한 곳에서 서식하는 까닭에 선조들은 중고기, 중태기라고 이름을 지어주었고, 조선의 실학자 서유구는 난호어목지와 전어지에서 버들치를 유어(柳魚)로 표기하면서, 시냇가 버드나무 아래서 떼를 지어 유영하기를 좋아한다고 버들치라 불렀다. 그런데 왜 버드나무일까? 물가

에서 잘 자라는 버드나무에는 언제든지 곤충들이 몰려들었을 것이다. 또한 물에 떨어질 확률이 높기 때문에 버들치들이 그 아래에 삼삼오오 모여들었을 것이다.

버들치는 대표적인 1급수 지표어종이다. 지표종이란 환경조건을 나타내는 생물이란 뜻으로, 버들치가 서식하고 있는 곳이라면 그곳의 수질은 수질측정을 하지 않아도 1급수임을 쉽게 알 수 있다.

07

일반어종

뱀장어 *Anguilla japonica*

건장한 장정 둘보다 힘이 세요

❀다른 이름: 뱀종어, 우범장어, 짱어, 참장어, 배미쟁이, 뻘두적이

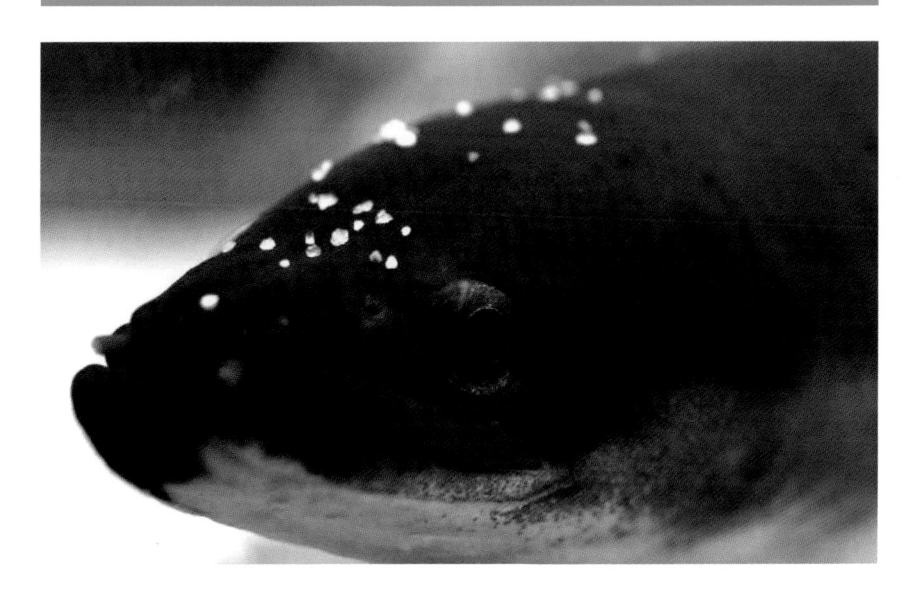

- 영명: Japanese eel
- 분류: 뱀장어과
- 크기: 60~80cm
- 색깔: 암갈색
- 서식지: 낙동강 상류
- 산란기: 8~10월
- 식성: 육식성

전국의 모든 담수수계에서 발견되는 어종이다. 제일 클 때 길이가 80cm 정도이며 몸에 점액이 많아 몹시 미끄럽고 피부는 겉으로 보기에는 비늘이 없는 것 같으나 살갗에 작은 비늘이 묻혀 있

다. 민물에 살지만 깊은 바다에 가서 알을 낳으며, 어린 뱀장어는 1~2년간 바다에서 살다가 봄철에 강을 거슬러 올라와 자란다. 민물장어로도 불린다.

뱀장어는 식용과 약용이 가능한 유용한 물고기로서 해마다 가을이면 먼 바다로 내려가서 심해에서 산란하는 것으로 유명하다. 우리가 소비하는 뱀장어는 산란 후 강을 거슬러 올라오는 실뱀장어를 그물로 잡아서 양식을 통해 얻는 것들이다.

다른 장어류와 마찬가지로 단백질이 풍부한 뱀장어는 예로부터 허약해진 몸에 먹는 약으로 전해 내려오며, 특히 남성의 정력에 좋은 스태미너 식품으로 오늘날에도 여전히 인기를 누리고 있다. 뱀장어는 전 세계적 보양식품으로서, 우리가 복날에 보신탕을 먹듯이 일본에서는 복날

이 되면 뱀장어를 먹는다.

한편, 뱀장어의 피에는 이크티오톡신이라는 독소가 있어 이 독소를 완전히 제거하는 것이 어렵기 때문에 회로 먹으면 안 된다. 이 독소가 눈에 들어가면 결막염을, 상처에 묻으면 염증을 일으킨다. 그러나 열을 가하면 독성이 없어지므로 크게 걱정할 필요는 없다.

08

일반어종

무지개송어 Oncorhynchus mykiss

민물계의 귀족

❀다른 이름: 석조송어

- 영명: rainbow trout
- 분류: 연어과
- 크기: 20~30cm
- 색깔: 연한 갈색
- 서식지: 강의 상류와 댐
- 산란기: 6~7월
- 식성: 육식성

1965년 미국에서 들여와 이식에 성공한 외래종이다. 산란기에 일곱 가지 빛깔을 내기 때문에 무지개송어라고도 하고, 도입자의 이름을 따서 석조송어라고도 부른다. 다른 물고기에 비해서 성장이 빠르고 번식력이 강하며 맛도 좋아 양식 대상 어종으

로 인기가 있다. 수명은 3~4년으로 알려져 있다.

때 묻지 않은 계곡의 한 자락에서 송어 떼가 노닌다. 햇살을 받아 반짝이는 몸빛깔이 무지개처럼 사방으로 흩어진다. 같은 값이면 다홍치마라고, 때깔 좋은 고기가 먹음직스럽다.

일반적으로 송어 회는 바다 생선회의 소비가 뜸한 여름철에 많이 먹지만, 사실 제철은 겨울에서 봄까지이다. 월동기인 겨울철(약 4개월) 동안 일반 사료를 먹지 않기 때문에 살이 단단하고 고소한 맛이 절정을 이룬다. 또한, 만 1년 된 무지개송어가 가장 맛있다. 고단백, 저지방이면서도 바닷고기 회에 비해 가격 또한 착한 무지개송어는 그야말로 민물고기의 귀족이라 불릴 만하다. 회, 구이, 튀

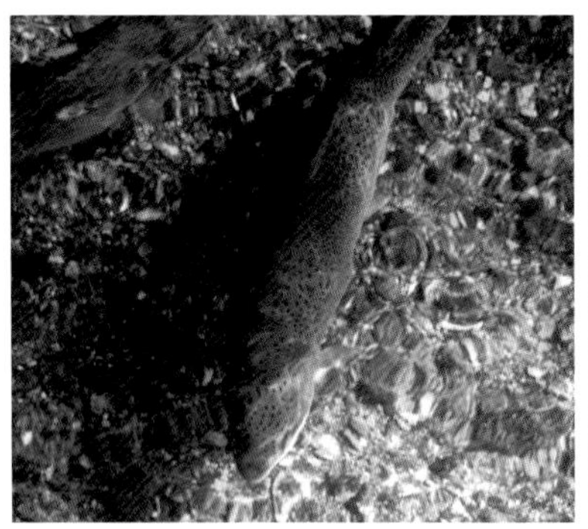

김, 매운탕 등 다양한 요리방법이 있지만 뭐니 뭐니 해도 송어는 회가 으뜸이다.

찬물을 좋아하는 냉수성 어류로 연어과의 특성을 지녔지만, 우리나라에 도입된 종은 일생 동안 강에서만 지내며 강 상류나 산 속의 댐이 만들어 놓은 호수에 서식한다. 원래 북미 자연산 무지개송어는 4~6월에 산란하지만 국내에 도입된 무지개송어는 10월~3월까지 산란을 한다. 암컷은 부화 후 두 번째 맞는 겨울에 약 2천~3천 개 정도의 알을 낳는다.

–송어와 산천어, 무지개송어

송어는 시마연어라고도 한다. 몸길이 약 60cm로 연어보다 몸이 굵고 둥글며 약간 옆으로 납작하다. 주둥이는 연어보다 무딘 편이고, 비늘은 둥근 비늘(원린)이다. 산천어는 송어와 아주 닮았으며 옆구리에 연분홍 띠와 작은 타원형의 반점 13개가 선명하게 나타난 파 마크(parr mark)는 일생 동안 없어지지 않는다.

산천어의 산란기는 송어와 같은 9~10월, 이때 송어가

면 바다를 거슬러 올라 산란장을 찾기 시작하면 산천어의 수컷이 떼를 지어 마중 나와 송어 암컷의 뒤를 따라 계곡의 상류로 이동하게 된다. 송어가 자갈을 파고 산란을 하면 산천어가 그 위에 정액을 사정, 수정시킨다. 산란을 끝낸 송어는 대부분 죽는다. 수정 후 부화된 치어들은 계곡 언저리에서 겨울을 지낸 뒤 이듬해 봄 하류권으로 내려간다. 다만 수컷들은 계곡에 머물게 되고 암컷들은 가을철 바다로 내려가 성어가 될 때까지 자라게 된다. 담수를 떠나 바다로 가는 것이 송어의 암컷이고 우리가 볼 수 있는 것은 거의 산천어의 수컷이라고 볼 수 있다. 주로 우리나라 동해로 유입되는 하천에 서식하며, 산천어가 대부분 30cm를 넘기가 어려운 반면 송어는 60cm까지 자라서 돌아온다. 송어는 연어처럼 알래스카같이 먼 곳으로 회유하지는 않고, 동해의 근해에서 자라다가 산란을 위해서 5월경에 올라온다고 한다.

보통 무지개송어를 송어라고 많이 부르지만, 사실 이것은 엄밀히 말하면 틀린 얘기다. 무지개송어는 '무지개송어'라고 명칭을 정확히 부르는 게 중요하다. 무지개송어는 산란기에 붉게 무지개 색을 띠므로 무지개송어라는 이름이 붙었다. 1965년 정석조 씨가 미국 캘리포니아의 국립양식장에서 송어 알 20만 개를 들여와 이식에 성공한 어종으로, 도입자의 이름을 따 석조송어라고도 부른다. 원산지는 북아메리카 알래스카에서 캘리포니아까지이다. 몸길이는 약 80cm까지 자란다. 냉수성 어종으로 우리나라에 도입된 종은 일생 동안 강 상류나 산 속의 호수에 서식한다. 산란기는 일반적으로 봄 · 가을 두 시기가 있다. 다른 물고기에 비해서 성장이 빠르고 번식력이 강하며 맛도 좋아 양식 대상 물고기로 인기가 있다.

일반어종

09 갈겨니 Zacco temminckii

공중제비의 달인

❀다른 이름: 개리, 괘리, 눈검쟁이, 능금쟁이, 능금지, 능금피리

- 영명: dark chub
- 분류: 잉어과
- 크기: 10~15cm
- 색깔: 연녹갈색
- 서식지: 서 · 남해 하천 중상류
- 산란기: 6~8월
- 식성: 잡식성

길이 10~15cm 정도의 날씬한 민물고기로, 생긴 모양과 몸 색깔이 피라미와 매우 비슷해서 헷갈리기 쉽다. 그러나 갈겨니는 눈이 크고 줄무늬가 몸 옆에 세로로 뻗은 반면, 눈이 작고 줄무늬가 가로로 뻗은 피라미와 구분

된다. 특히 산란기가 되면 수컷의 색깔차이가 확연해진다. 피라미는 청록색이 진해지는 반면, 갈겨니는 다양한 색을 띠어 매우 아름다운 모습을 보여준다.

갈겨니와 피라미는 언뜻 보아서는 구분하기가 쉽지 않을 정도로 상당히 닮았다. 또한 서식하는 곳도 유사하여 서로 비슷한 생태적 지위를 갖고 있다. 갈겨니는 피라미보다 깨끗한 수질에서 살기 때문에 오염되지 않은 1급수에선 우세종을 이루지만, 하천이 손상되고 오염이 늘어날수록 피라미에게 밀려난다. 불과 3,4십년 전만 하더라도 우리나라 하천에는 갈겨니가 피라미보다 많았다. 그러나 하천에 보를 만들고, 수로를 만들면서 수초가 줄어들어 산란장소가 사라지고, 주 먹이인 수서곤충의 수가 줄어들었기 때문에 갈겨니 대신 피라미들이 자리를 잡게 되었

다. 조선시대의 학자 서유구는 '전어지'와 '난호어목지'를 통해 갈겨니를 "저녁이면 공중으로 뛰어올라 파리를 잡아 먹기를 좋아하는 물고기"라고 기록하고 있다. 산란기가 되면 수컷이 암컷보다 크고 지느러미도 수컷이 더 커진다. 갈겨니는 6월 하순부터 8월 초순경에 흐름이 느린 자갈 밑에 산란을 한다.

10

일반어종

잉어 Cyprinus carpio

산모를 돕는 보약의 물고기

※다른 이름: 따끄미, 딱금이, 먹대, 발갱이, 빨강이

- 영명: carp
- 분류: 잉어과
- 크기: 40~90cm
- 색깔: 황갈색
- 서식지: 2~3급수 강, 저수지
- 산란기: 5~6월
- 식성: 잡식성

몸은 길고 옆으로 납작하지만 붕어보다 높이가 낮은 편이다. 2쌍의 입수염이 있으며 뒤쪽의 입수염이 굵고 길다. 잡초가 많고 바닥에 진흙이 깔린 강과 저수지 등에서 홀로 또는 작은 무리를 이루어 산다. 먹이를 찾아 땅을 팔

때 흔히 물을 휘저어 탁하게 만들어서 많은 동식물에 나쁜 영향을 끼친다. 보통 봄에 암컷이 얕은 물에 있는 식물이나 암석의 조각더미 위에 많은 알을 낳는데, 알은 4~8일 후에 부화한다.

예로부터 잉어는 귀중한 물고기로 여겨왔으며, 정력을 증진시켜 주고 산후 산모의 원기를 회복시키기 위해서 반드시 필요한 약용으로 쓰여 왔다. 그래서 잉어는 인류가 양식한 어류들 중에서 가장 역사가 깊다. 영양상태가 좋지 않았던 옛날에는 임산부들의 단백질 부족이 흔했다. 옛사람들은 잉어가 배뇨를 촉진시키고 단백질을 보충해서 원기를 회복시켜 주며 임산부의 부기를 가라앉혀 주는 데 효과가 있다는 것을 경험적으로 알고 있었다. 중국의 문헌에 잉어의 간에는 명복, 즉 눈이 밝아지게 하는 작

용을 하며, 치아나 비늘에는 항암 작용이 있다고 나와 있다. 실제로 아이를 가진 어미가 잉어를 푹 고아 먹으면 눈이 크고 예쁜 아기를 낳는다 해서 정성껏 달여 임산부에게 먹였다.

최근 기생충 연구에 따르면, 간디스토마는 잉어에 기생하지 못한다는 사실이 밝혀졌다. 조리해서 먹지 않고 날것으로 먹으면 기생충의 일종인 간디스토마에 감염될 수 있기 때문에 민물고기 회를 기피하는 사람들이 많은 시점에 이런 소식은 반가운 일이 아닐 수 없다. 현재 국내의 양식장에서 횟감으로 이용할 잉어들이 깨끗한 물에서 사육되어 속속 식탁에 올라오고 있다고 한다.

11

일반어종

산천어 *Oncorhynchus masou masou*

갇혀버린 계곡의 미녀

※다른 이름: 반어, 노랭이, 곤들메기, 고들메기, 조름이, 연메기

- 영명: cherry salmon
- 분류: 연어과
- 크기: 15~20cm
- 색깔: 검푸른 색
- 서식지: 동해의 강 중상류
- 산란기: 9~10월
- 식성: 육식성

산천어는 송어가 바다로 내려가지 않고 강에 남아서 성숙한 것으로 송어의 육봉형(바닷물고기가 민물고기로 성장하는 형태)이다. 검푸른 등의 측면에 검은 반점이 있는 것이 특징이며, 여름에도 20℃ 이상 올라가지 않는 맑은 물에서 산다. 해마다

가을이면 강 상류의 모래와 자갈이 깔린 곳에 암수가 산란장을 파고 알을 낳아 정자를 뿌린 뒤 자갈과 모래로 알을 덮는데, 이와 같은 습성은 같은 종인 연어와 매우 비슷하다.

호수의 요정이 빙어라면 산천어는 계곡의 미녀라 부를 만하다. 색깔이 곱고, 갓 혼인을 한 신부처럼 수줍은 듯 바위틈에 숨어서 잘 나오지 않기 때문이다. 연어류는 일정 기간을 담수에서 살다가 바다로 내려가서 성숙한 후에 자기가 태어난 곳으로 돌아오지만, 산천어는 특별한 생활사를 갖고 있다. 산천어는 원래 송어였다. 송어가 일정한 시기가 돼 다시 바다로 돌아가려다가 여타의 사정으로 그냥 강에 머물러 버렸다. 그래서 그 고기는 송어와 다른 모양을 띠게 되는데 이것이 산천어의 정체다.

맑은 물에 사는 물고기가 모두 그러하듯 산천어 역시 행동이 재빠르고 경계심이 매우 강하다. 사람의 인기척이나 그림자가 물에 비치기만 해도 재빨리 숨는다. 따라서 산천어를 낚으려면 계곡을 조용히 오르내리며 인내심을 키워야 한다. 산천어는 또한 맛도 좋고 영양가도 높아 저지방 고단백질의 표본이라 할 수 있다. 다른 생선과는 달리 비린내가 적고 육질이 부드러워 앞으로 미식가들의 입맛을 사로잡을 어종 중의 하나이다.

-민물고기 이름의 유래

【퉁사리】

퉁가리의 '퉁' 자와 자가사리의 '사' 자가 합쳐져 만들어졌다.

【피라미】

'불거지'라고도 하는데 온몸이 붉고 푸른색을 띠고 있어서 붙은 이름이다.

【큰가시고기】

지느러미의 가시가 도드라져서 붙여진 이름이다. 또한

집단으로 나타나 그물을 망가뜨리기 때문에 침고기라고도 불린다.

【종어】

궁궐에서 즐겨 먹던 물고기로, 우두머리란 뜻으로 종(宗)을 붙였다.

【웅어】

위어(葦魚)에서 유래한 이름이다.

【열목어】

눈이 빨갛고, 열이 많다고 여겨져 붙여진 이름이다.

【쏘가리】

등지느러미 가시에 쏘이면 몹시 아프기 때문에 붙여진

이름이다.

【숭어】

수어(水魚)에서 비롯된 이름이다.

【살치】

헤엄치는 속도가 마치 시위를 떠난 화살과 같다고 이런 이름이 붙여졌다.

【산천어】

산과 하천의 물고기라는 의미에서 붙여진 이름이다.

【송어】

몸 색이 소나무 마디의 색과 비슷하여 소나무 송(松)을 붙였다.

【빙어】

추운 겨울에 깨끗한 얼음 밑에서 산다고 붙여진 이름이다.

【붕어】

부어(付魚)에서 유래한 이름이다.

【버들치】

버드나무 밑에서 노는 물고기, 즉 버들물고기라는 뜻이다.

【각시붕어】

새색시같이 곱고 아름다워 붙여진 이름이다.

【금강모치】

금강산에서만 나오는 물고기라 하여 일제강점기 때 붙여진 이름이다.

12 송사리 Oryzias latipes

일반어종

다산과 풍요의 상징

※다른 이름: 눈쟁이, 곡살이, 눈깔망태기, 눈타리, 송스라지, 깨피리

- 영명: Asiatic ricefish
- 분류: 동갈치목 송사리과
- 크기: 약 5cm 내외
- 색깔: 담회색
- 서식지: 우리나라 전 담수계
- 산란기: 5~8월
- 식성: 잡식성

수심이 얕고 물이 잔잔한 곳에 떼를 지어 산다. 열대 동남아시아에서 기원한 어종으로 한국뿐만 아니라 동남아시아, 중국, 일본에도 많이 분포하고 있다. 동물성 플랑크톤과 유기물, 작은 곤충을 먹고 살며 5~8월이 산란

기로 수온이 18℃ 이상 되면 산란하고, 알에는 끈이 달려 있어서 암컷이 산란 후 몇 시간 동안 알을 달고 다니다가 수초에 붙인다. 잔잔한 물에서 번식하기 때문에 수로를 직선화하여 유속이 빨라진 강에서는 찾아보기 힘들다.

'고기는 안 잡히고 송사리만 잡힌다.'는 속담을 믿고 송사리가 유용한 어류가 아니라고 생각하겠지만 이는 잘못된 생각이다. 송사리는 모기의 유충인 장구벌레를 주된 먹이로 삼기 때문에 친환경 모기 구제용으로 그만이다. 미꾸라지도 장구벌레를 잘 잡아먹는다지만 송사리에 비할 바 못 된다. 다른 어종이 하루에 30~40마리 정도를 포식하는 데 비해 송사리는 하루에 150마리까지 포식한다. 송사리는 국내 어종 중 크기가 가장 작다. 성어가 되어도

고작 5cm 남짓밖에 안 된다. 송사리가 그 작은 몸으로 수많은 천적의 틈바구니 속에서도 멸종되지 않았던 것은 우수한 번식능력을 가졌기 때문이다. 그래서 옛사람들은 송사리를 풍요와 다산의 상징으로 여겨왔다.

우리나라에서 가장 흔한 물고기로 송사리를 꼽는 사람들이 많지만, 실제로 가장 흔한 개체는 피라미이고, 붕어, 모래무지, 버들치보다 발견하기 어려운 물고기가 바로 송사리이다. 예전에는 옅은 농수로나 웅덩이, 작은 연못과 저수지 등에서 떼 지어 살고 있는 모습을 쉽게 볼 수 있었다. 그러나 수질오염과 습지 개발로 인해 찾아보기 어려운 어종이 되어버렸고, 앞으로 강력한 보호 대책을 세우지 않는다면 완전히 사라질지도 모른다. 참고로 일본에서는 이미 멸종위기 2급으로 지정해 보호하고 있다.

13

일반어종

연어 Oncorhynchus keta Walbaum

물고기들의 제왕

※다른 이름: 특별한 별칭이 없음

- 영명: salmon
- 분류: 연어과
- 크기: 60~80cm
- 색깔: 검청색
- 서식지: 강원도, 경남 · 북 하천
- 산란기: 9~11월
- 식성: 잡식성

몸의 양쪽에 테두리가 두렷하지 않은 갈색의 세로띠가 있지만 송어 같은 작고 까만 반점은 없다. 알을 낳는 시기인 가을이 되면 바다에서 강으로 올라온다. 물이 맑고 자갈이 깔려 있는 곳에 웅덩이를 파고 산란을 시작한다. 친어는 아무것도 먹지 않은 채 산란과 방정을 끝내

고 곧바로 죽는다. 부화한 새끼는 바다로 내려가기 시작하여 얼마 동안 연안에서 살다가 먼 바다로 진출한다. 연어는 고향인 모천(母川)으로 돌아오는 회귀성 어류로 매우 유명하다.

연어의 일생은 11월에서 2월 사이에 하천의 자갈 바닥에서 시작된다. 수컷이 침입자를 막아내는 동안, 암컷은 최대 30cm 깊이의 작은 구멍 몇 개를 판다. 한 쌍의 연어는 각각의 구멍에 수천 개씩 알을 낳고 수정시킨다. 그런 다음 암컷은 그 위에 자갈을 덮어 알을 보호한다. 4주에서 5주가 지나면 이제 치어라고 불리는 연어 새끼가 하천의 본류로 꿈틀거리며 나온다. 치어는 오로지 두 가지 일에만 전념한다. 첫째는 먹이를 찾는 일이고, 둘째는 안전하게 살 곳을 찾는 일이다. 이 단계에서 치어의 90% 이상이 죽게 된다. 1년쯤 지나 연어는 어떤 내적인 신호의 자극을 받아 수많은 동료들과 합세하여 강의 하구를 향해 이주한다.

그렇지만 어떻게 민물고기가 바다에서 생존할 수 있는 것일까? 보통은 그럴 수 없지만, 연어는 아가미 주위에 복잡한 변화가 생겨 바닷물에 들어 있는 염분을 여과할 수 있게 된다. 그러한 변화가 완료되면, 사람 손바닥 안에 들어갈 만큼 작은 연어는 바다를 향한 대장정에 오른다. 어린 연어가 포식동물의 위협을 피해 온전히 성장하여 대양에 5년 동안 머무르고 나면, 마침내 자기가 알에서 부화되었던 강으로 되돌아와서 짝을 구하기 위해 또 한 번의 대장정을 시작한다.

참으로 경이로운 것은 이 놀라운 물고기가 과거에 한 번도 본 적이 없는 대양을 수천 킬로미터나 착오 없이 통과하여 이동한다는 것이다. 과학자들은 지금도 연어의 회귀 메커니즘을 정확히 알지 못하고 있다. 연어가 지구의 자기나 해류, 심지어 별을 이용하여 바다에서 길을 찾는다고 말하는 사람들도 있지만, 어쨌든 이 회귀 본능이 어찌나 강한지, 폭포나 급류가 가로막고 있다 해도 연어들은 장애물이 나타날 때마다 끈질긴 노력으로 극복한다.

14

일반어종

숭어 Mugil cephalus Linnaeus

봄 도다리, 가을 전어, 겨울 숭어

※다른 이름: 걸치기, 객얼숭어, 격얼숭어, 모쟁이, 모지, 수치, 숭애

- 영명: common mullet
- 분류: 숭어과
- 크기: 30~90cm
- 색깔: 짙은 갈색
- 서식지: 전국의 강, 하천
- 산란기: 10~11월
- 식성: 잡식성

일반적으로 해수와 기수에 살며, 얕은 연안지역에 자주 나타나 미세한 식물과 작은 동물 등을 찾는다. 무리지어 생활하고 여름에 연안 또는 내만에 나타났다가 겨울에는 바다로 옮겨 간다. 2개의 등지느러미 중 한 개

의 지느러미에는 4개의 뻣뻣한 가시줄이 나 있다. 모래주머니 같은 강한 위와 긴 창자를 가지고 있어 식물성 먹이를 처리할 수 있으며, 주로 3급수에 서식한다.

민물과 바닷물을 오가는 숭어는 이름도 다양하다. 모쟁이, 모치, 숭애, 준거리 등 지방별로 100개가 훌쩍 넘는다. 또한 계절에 따라 보리 필 때 나온다고 해서 보리 숭어, 겨울에 나온다고 참숭어라 부르기도 한다. 선조들 역시 대동강 숭어, 영산강 숭어, 한강 숭어를 한반도 3대 숭어라고 일컬으며 그 뛰어난 맛을 즐겨왔다. 봄 도다리, 가을 전어라는 말에 '겨울 숭어'란 말을 더해도 반대할 사람이 없을 만큼 겨울에 나는 참숭어의 맛은 기가 막히다. 참숭어는 무엇보다 육질이 쫀득쫀득해 횟감으로 먹어야 제

격이다. 일반적으로 생선은 계절에 따라 지방함량이 변동되는데 숭어는 전어와 비슷한 함량의 지방을 가지고 있다고 한다.

뿐만 아니라, 숭어는 예로부터 귀한 약재였다. 동의보감에 "사람의 위를 열어 먹은 것을 통하게 하고 오장을 이롭게 할 뿐만 아니라, 살찌게 하며 백약과 잘 어울린다"고 높은 평가를 해놓았다.

15

일반어종

모래무지 *Pseudogobio esocinus*

물장구치던 동심의 추억

❀다른 이름: 개모자, 꿀꿀이, 두루지, 두루치, 땅모자, 모래마주

- 영명: goby minnow
- 분류: 잉어목 모래무지아과
- 크기: 10~20cm
- 색깔: 은백색, 짙은 갈색
- 서식지: 서 · 남해의 각 하천
- 산란기: 5~6월
- 식성: 육식성

하천의 중류나 하류의 모래나 자갈이 깔린 곳에서 살며 바닥에 가깝게 헤엄치면서 먹을 것을 찾는다. 모래 속에 몸을 묻고 머리만 위로 내놓은 채로 숨는 경우가 많으며, 가슴지느러미를 움직여서 모래를 파고 그 속에 몸을 묻는

다. 수서곤충을 주로 먹고, 먹이를 모래와 함께 입에 넣은 후 모래는 아가미 밖으로 뿜어내고 먹이만 삼킨다.

코흘리개 시절, 동네친구들과 마을 앞 개천에 텀벙 뛰어들어 고사리 손을 휘저으며 고기잡이에 시간 가는 줄 몰랐던 그때, 모래무지는 하천에서 흔히 만나던 토종 민물고기였다. 지금과는 달리 피라미 못지않게 풍부하게 분포했었다. 2급수 이상의 맑은 물에서만 서식하기 때문에 옛날에는 지금보다 오염된 하천이 거의 없었다는 반증일 수도 있겠다. 이름에 붙여진 '모래'라는 단어는 입으로 모래를 들이키고 모래 속에 잘 숨는 모래무지의 특성을 잘 나타내는 말이다. 모래무지는 먹이를 먹을 때 모래와 음식물을 함께 섭취한다. 물론 음식물은 삼키고 모래는 아가미로 교묘하게 배출한다. 모래가 몸속으로 들어가면 모

래에 붙어 있었던 소형 수서곤충이나 갑각류, 유기물질 등이 따로 걸러진다. 여기에서 순수한 모래만 아가미구멍을 통해 바깥으로 내뱉기에 하천의 모래를 깨끗하게 정화해 주는 역할도 한다.

모래무지를 물 밖에서 발견하는 것은 시력이 매우 좋지 않은 한 꽤 힘든 일이다. 먹이를 찾거나 천적의 위험을 감지했을 때 모래 속으로 깊이 파고들어가 숨는 습성 때문이다. 모래 속으로 숨을 시간이 없으면 엄청나게 빠른 속도로 시야에서 사라져 버린다. 주로 바닥에만 머무르고 수영은 거의 하지 않는데도 불구하고, 물 밖 그림자를 발견했을 때 순식간에 도망쳐서 시야에서 사라지는 모습을 보면 이게 다 천적에게 잡아먹히지 않기 위한 모래무지만의 생존전략이구나 감탄하게 된다.

16

일반어종

은어 Plecoglossus altivelis

수박 향기 머금은 찰떡궁합

✽다른 이름: 곤쟁이, 반짝이, 알롱, 어내, 어너, 언어, 엉어, 웅어

- 영명: sweet fish
- 분류: 바다빙어과
- 크기: 20~30cm
- 색깔: 밝은 황색
- 서식지: 전국의 각 하천
- 산란기: 9~10월
- 식성: 초식성

등은 푸르지만 배에서 은빛이 나 은어라고 부른다. 유어일 때는 바다에서 지내다가 성어가 되어 강으로 올라오고, 가을 무렵 산란을 위해 하류로 내려가 죽는다. 은어는 7,8월에 많이 굶어 죽어, '칠팔월 은어 굶듯'이란 속담이 생기기도 하였다. 돌에 나

는 이끼를 먹으며 자신만의 공간을 만들어서 산다.

은어는 두만강을 제외한 우리나라의 모든 하천 및 하구에 분포한다. 봄에 부화하여 여름에 살찌고, 가을에 노쇠하여 겨울에 죽는 한해살이 고기라 하여 연어(年魚), 물이끼만 먹고 살기에 살을 먹으면 이끼 향내가 난다고 향어라고도 부른다. 은어는 성질이 급해서 잡히면 바로 숨이 넘어가기로 유명하다. 연어나 송어처럼 회유성 물고기로 은어 역시 떼 지어 강으로 오르는데, 텃세가 심해 다른 은어가 자기 영역에 침입하기라도 하면 사납게 공격한다. 가을이 되면 강 하구에 보금자리를 만들고 짝을 짓는다. 어찌나 강렬한 사랑을 하는지 수정 후에는 암수가 기진맥진 뼈만 앙상하여 헤엄칠 힘도 없이 떠내려간다. 지역 주민들은 이 같은 모습을 보고 찰떡궁합이라 하여 '은어금

슬'이라고 부른다.

은어는 1급수 맑은 물에서만 살며, 바위의 이끼를 먹고 자란 탓에 비린내가 전혀 나지 않는다. 오히려 수박냄새가 은은하게 풍기는 고급 어종이기에 횟감으로 아주 인기가 좋으며 기생충도 별로 없다. 6~8월이 제철로 민물고기 중 가장 깨끗한 생선이며, 맛과 영양가가 좋아 식도락가의 미각을 돋우어 준다.

17 가물치 Channa argus

일반어종

밴의 얼굴, 하천의 폭군

❀다른 이름: 가마취, 가마치, 가멸치, 가무러치, 가무차, 가무추

- 영명: snake head
- 분류: 가물치과
- 크기: 50~70cm
- 색깔: 암청갈색
- 서식지: 저수지, 늪
- 산란기: 5~7월
- 식성: 육식성

뱀처럼 무섭고 징그럽게 생긴 가물치는 민물고기 중에서는 흔치 않게 1m가 넘는 것도 있다. 몸은 옆으로 납작하면서 길쭉하나 눈앞의 주둥이는 위아래로 납작하게 생겼다. 커다란 입의 안쪽에는 날카로운 이빨이 위아래로 나 있다. 보조호흡기관이 있어

오염되거나 산소가 부족한 물에서도 잘 적응하며, 물 밖에 내버려두어도 일주일 동안을 공기 호흡으로 생존할 정도로 강한 생명력을 지녔다.

말 그대로 폭군 외에는 달리 형용할 단어가 없는 가물치는 미국에서는 크고 아름다운 자태와 난폭한 성질머리로 인기가 발군이라지만, 다른 고기의 새끼들을 닥치는 대로 잡아먹는 무자비한 포식자다. 민물의 난폭자 배스조차도 가물치에게는 꼼짝 못한다. 천적이라고는 가물치에 환장하는 수달과 인간 정도밖에 없을 지경이고, 쏘가리 역시 절대 천적 레벨은 아니다. 수초가 비교적 많고 혼탁한 흙탕물 아래 서식하기를 좋아하며, 오염에 대한 내성이 강하다.

늦봄에서 초여름 사이 산란기를 맞으면 암수가 함께 힘

을 모아 늪, 저수지의 가장자리에 산란장을 만들고 그 위에 새큼한 냄새가 나는 노란 알을 낳는데, 다른 개체가 침입하면 거침없이 공격하여 새끼를 지킨다. 때때로 강한 위협을 느끼면 산란장을 이동시키기도 하지만, 알에서 나는 냄새로 인해 다른 물고기나 기타 양서류 등은 알 근처에 잘 접근하지 않는다.

보통 여성의 산후조리용 보양식으로 이용되는 가물치는 피로회복이나 보혈 효과가 있고, 회 맛이 광어와 비슷하다. 껍질을 벗기고 살을 얇게 썰어 막걸리에 빤 다음, 초고추장에 버무려 만든 가물치회는 물론, 물을 부어 푹 고아낸 곰국도 먹을 만하다. 그러나 오염이 갈수록 심해져서 믿을 만한 곳에서 잡은 것이 아니면 가급적 먹지 않는 것이 좋다.

18

일반어종

꺽저기 Coreoperca kawamebari

내 새끼는 내가 보호한다

❀다른 이름: 깍다구, 꺽디기, 꺽제기, 꺽저구, 꺽다구

- 영명: Japanese aucha perch
- 분류: 농어목 꺽지과
- 크기: 10~13cm
- 색깔: 진한 갈색
- 서식지: 탐진강 수계
- 산란기: 5~6월
- 식성: 육식성

체고가 높고 몸통은 납작하다. 아래턱이 위턱보다 더 길다. 입에는 잔 이빨이 발달해 있으며, 꼬리지느러미는 부채꼴이다. 산란기는 5~6월로 수초에 알을 붙이면, 수컷은 강한 부성애로 수정란에 신선

한 물을 공급하기 위하여 물살을 일으킨다. 수정란에 다른 개체가 접근해 오면 적극적으로 공격하며, 부화 도중에 죽은 알은 바로 제거한다.

"밀물에 꺽저기 뛰듯"

밀물이 들어오니 잔고기인 꺽저기가 좋아라 하고 이리 뛰고 저리 뛰고 한다는 뜻으로, 똑똑하지 못한 놈이 제 세상이나 만난 것처럼 날뛰는 모양을 비꼬는 말이다. 꺽저기는 우리나라에 분포하는 꺽지과 어종 3종(쏘가리, 꺽지, 꺽저기) 중 한 종이며, 쏘가리나 꺽지에 비해 체구가 작고 유영하는 모습이 매우 섬세한 어종이다. 지극한 부성애로 잘 알려진 꺽지와 서로 겉모습이 구분하기 힘들 정도로 닮았지만 엄연한 다른 종이다. 꺽지는 거의 모든 강에

서식하지만, 꺽저기는 물이 맑은 하천의 중상류의 바닥에 자갈과 큰 돌이 많이 있고 물풀이 있는 곳에서 서식한다. 일본에서는 천연기념물로 등록되어 있을 정도로 귀한 몸이다. 꺽지는 낮 동안에는 바위틈에 숨어 있다가 밤이 되면 어슬렁거리며 기어 나오는 반면, 꺽저기는 낮에도 활발하게 활동을 한다.

꺽저기는 성깔이 제법 사나워서 작은 물고기를 냉큼 잘 잡아먹는다. 등에 뾰족하게 솟아난 가시들도 매우 날카로워, 찔리면 혼쭐이 나도록 아프다. 작은 물고기들이 끼리끼리 뭉쳐 대항해 보려고 하지만 꺽저기가 공격하면 도망가기 바쁘다. 예전에는 매운탕의 재료로 이용되거나 관상용으로 길렀지만, 현재는 개체 수가 적어서 보호를 받아야 할 물고기이다.

19

일반어종

쏘가리 *Siniperca scherizeri*

고고한 자태를 뽐내는 가람의 우두머리

❀다른 이름: 궐린어, 강쏘가리, 궐어, 금린어, 쏘갈, 쏘아리

- 영명: freshwater mandarin fish
- 분류: 농어목 꺽지과
- 크기: 40~50cm
- 색깔: 노란 갈색
- 서식지: 전국의 큰 하천
- 산란기: 5~6월
- 식성: 육식성

담황색 몸에 불규칙한 흑색 무늬가 많이 나 있다. 등지느러미와 뒷지느러미에 날카로운 가시가 있어 만질 때는 조심해야 한다. 유속이 비교적 빠른 강의 중상류에서 홀로 살아가는데, 바위틈에 숨

어 있다가 먹이가 나타나면 잽싸게 공격하여 잡아먹는 물속의 맹수다. 살이 두껍고 잔가시가 없어 횟감이나 매운탕으로 최고의 대접을 받는다.

큰 입 배스가 쏘가리를 먹잇감으로 보고 다가선다. 쏘가리는 바위틈에서 이 무례한 방문객을 무심하게 바라본다. 약간의 탐색전이 끝나갈 무렵, 배스가 쏘가리에게 달려든다. 강바닥이 흙바람을 일으켜 시야를 가린다. 잠시 후, 큰 입 배스가 모습을 드러낸다. 지느러미 하나를 잃었다. 이윽고 꼬리가 안 보일 정도로 줄행랑을 친다. 겨우 목숨만 건졌다. 쏘가리는 민물 계에서 가물치와 함께 배스나 블루길 등 덩치 큰 외래종을 잡아먹는 상위포식자이다. 위협을 느낄 시엔 등지느러미에 달린 가시를 세우는데, 쏘이면 매우 쓰라리다.

물이 맑고 물 흐름이 비교적 빠른 곳의 바위 사이나 바위 밑을 거주지로 삼아 교미하기 전까지는 홀로 살아간다. 쏘가리가 사는 물은 보통 2~3급수로, 꺽지와 함께 사는 경우도 흔하게 발견할 수 있다. 또한 쏘가리는 철저히 겨울잠을 잔다. 겨울 동안 깊은 늪에서 겨울잠을 자다가 온도 20도가 넘는 5월쯤 강의 윗줄기로 산란을 위해 이동한다.

머리가 길고 입이 커서 복스러운 물고기라 불리며, 쏘가리 매운탕은 민물고기 매운탕 중 으뜸으로 친다. 수산자원보호령에 의해 5~7월은 쏘가리 금어기로 정해져 있어서 이 기간 동안에는 낚시 및 기타 어떤 방법으로도 잡지 못한다. 뿐만 아니라 치어나 어린 쏘가리도 잡지 못한다. 이를 어길 시엔 벌금 300만 원에 처해진다.

20

일반어종

망둑어 *Periophthalmus modestus*

개구리도 아닌 것이, 카멜레온도 아닌 것이

※다른 이름: 망둥이, 문절이, 운저리, 꼬시래기

- 영명: mud hopper
- 분류: 망둑어과
- 크기: 8~10cm
- 색깔: 연한 갈색
- 서식지: 강 하구의 모래나 펄
- 산란기: 4~5월
- 식성: 초식성

망둑어는 세계적으로 600여 종이 발견되었고, 우리나라에 알려져 있는 종류만으로도 말뚝망둥어, 문절망둑, 짱뚱어, 밀어 등 50여 종이나 된다. 망둑어가 많이 발견되는 이유는 뛰어난 적응력 때문인데, 북극과 남극을 제외한

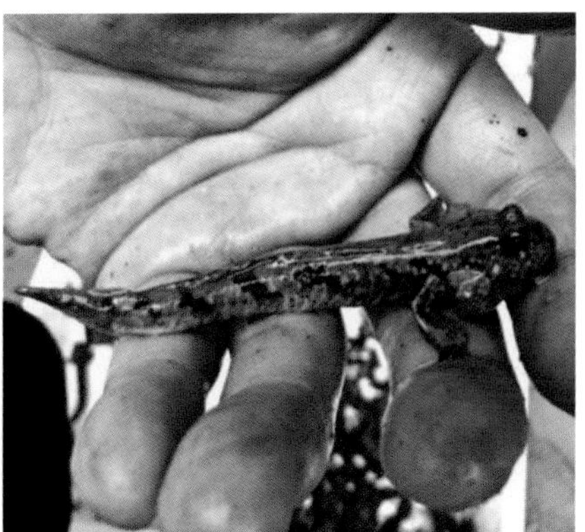

지구상 어떤 곳에서도 서식 가능하며, 소금의 농도가 높은 해역이나 소금기 없는 담수에서도 생존할 수 있다.

망둑어과에 속하는 물고기들은 비슷하게 생겨서 종에 상관없이 모두 망둑어 또는 망둥이라고 부르기도 한다. 몸은 원통형으로 길고 꼬리 부분으로 갈수록 옆으로 납작하다. 머리는 둥그스름하고 주둥이가 아주 짧다. 눈은 머리 위로 튀어나와 있는데, 두 눈이 붙어 있는 모양이다. 수컷은 뒷지느러미 바로 앞에 뾰족한 모양의 생식기관이 있어 암컷과 구분된다.

물보다 뭍에 올라와서 머무는 것을 즐겨 해서 썰물 때에는 갯벌바닥을 뛰어 다니는 모습도 볼 수 있다. 먹이잡이 활동 말고도 세력다툼, 구애행동 등 모든 것을 물 밖

에서 하는 모양만 물고기이고 마치 양서류의 한 종류처럼 보이지만, 활동하기 어려울 정도로 추워지면 깊은 바다로 들어간다. 습기가 있는 상태에서 1~3일 정도 물에 들어가지 않고도 살 수 있는데, 이는 아가미에 물주머니가 붙어 있어 물을 가득 채운 후 아가미를 조금씩 적셔가며 호흡을 할 수 있기 때문이다. 산란기가 되면 진흙 바닥을 파고들어가서 알을 낳지만, 짝짓기와 관련된 정보는 거의 알려진 것이 없다.

10cm 정도의 작은 크기임에도 머리가 거의 반을 차지하기 때문에 회나 튀김을 해서 먹기는 어렵다. 열댓 마리를 잡아 고추장을 풀어 매운탕을 끓여먹으면 기름이 많이 우러나와서 그럭저럭 국물이 고소하고 맛있는 편이긴 하지만, 살이 너무 적어서 고급어종 취급을 받지는 못한다.

21

일반어종

납자루 Acheilognathus imtermedia

고흐도 울고 갈 화려한 무지개 색

❀다른 이름: 꽃붕어, 납세미, 납자루, 납조라기, 납재기, 납조래기

- 영명: slender bitterling
- 분류: 잉어목 납자루아과
- 크기: 6~12cm
- 색깔: 푸른 갈색
- 서식지: 서 · 남해의 각 하천
- 산란기: 4~6월
- 식성: 잡식성

몸은 길고 옆으로 납작하며 몸의 높이는 낮은 편이다. 머리도 옆으로 납작하다. 눈은 머리의 양쪽 옆 가운데보다 조금 앞에 있고 등 쪽으로 붙는다. 두 눈 사이는 비교적 넓은 편이다. 잉어목의 납자루아과 물고기는 세계적으로 약 40

종, 우리나라에 13종이 알려져 있다. 그 중 8종은 우리나라에만 서식하는 고유종이다.

납자루는 일부 지방에선 각시붕어라는 예쁜 이름으로도 불린다. 손바닥에 들어갈 만큼 작고 귀여우며, 조개의 몸에 알을 낳는 특이한 습성이 있다. 물이 맑고 수초가 우거진 얕은 개울에서 조잘거리듯 산다. 무리지어 다니는 습성이 있어 자연에서 관찰하노라면 멋진 카드섹션을 보는 듯한 느낌을 받는다. 수컷의 배에 무지갯빛 혼인색이 드러나면 더 아름답다.

햇살 따사로운 봄철이 오면 암컷이 민물조개인 말조개, 작은말조개의 몸 안에 알을 낳고 수컷이 방정하여 수정한

다. 산란기에 암컷은 실 모양의 긴 산란관을 달고 다니는데, 민물조개를 찾아 그 주위를 맴돌며 살펴보다가 산란관을 꽂고 알을 낳는다. 뒤이어 수컷이 그곳에 방정을 해 수정시키는 방식으로 번식을 한다. 민물조개 안으로 들어간 알은 조개의 몸속에서 30일가량 살다가 부화되어 헤엄칠 수 있을 때 밖으로 나오게 된다. 물론 조개한테 해는 없다. 알을 품어주는 역할을 할 뿐이다. 하지만 조개들도 덕을 보는데, 납자루 치어와 함께 뿜어져 나온 조개들의 씨인 종패가 납자루의 몸에 붙어 이동을 하는 기회를 얻는다. 민물조개가 납자루 종류의 알을 키우는 대신 이동 능력이 뛰어난 물고기는 조개의 새끼를 멀리 데려다 주는 공생을 하는 것이다.

22

일반어종

드렁허리 Monopterus albus

딸로 태어나 아버지가 된다

✿다른 이름: 가시렁이, 누리, 두랭이, 드리, 땅바라지

- 영명: albino swamp eel
- 분류: 드렁허리과
- 크기: 30~60cm
- 색깔: 짙은 황갈색
- 서식지: 남부지방의 논, 연못
- 산란기: 6~7월
- 식성: 육식성

몸통은 길고 체형은 뱀장어와 같아서 혼동되기도 한다. 눈은 매우 작으며, 등 쪽의 체색은 짙은 황갈색이지만 물이 묻으면 검은색으로 보이며 비늘이 없다. 입은 크고 위턱과 아래턱에는 가늘고 뾰족한 이가 치대를 형성하고 있다.

열대성 어류지만 좋지 않은 환경에서도 대단히 잘 견뎌, 물이 마른 늪에서는 굴속으로 들어가서 살아남는다. 피부 호흡과 공기호흡을 활발히 한다.

드렁허리는 낮에는 숨어 있다가 밤이 되면 활동을 하는 야행성으로, 구멍을 내서 논두렁을 허물어버리는 바람에 '논두렁헐이'에서 드렁허리라는 이름이 생겨났다. 기이한 생김새의 드렁허리는 자세히 관찰하지 않으면 뱀으로 착각하는 경우가 많아 물뱀 또는 장어로 불리기도 한다. 이런 이유로 시골에서 어린 시절을 보낸 사람이라면 간혹 논두렁이나 얕은 연못 등에서 뱀인지 물고기인지 구별이 안 되는 생물을 발견해 당황했던 경험이 있을 것이다. 분명히 물고기인데도 생김새는 뱀과 아주 닮아서 뱀이 물고기로 변하였다고 하기도 하고, 미꾸라지와 뱀의 잡종이라

는 속설도 전해지고 있다.

특이하게도 드렁허리는 몸길이가 30㎝ 미만인 어릴 때는 전부 암컷이었다가 2~3년이 지나 40㎝가 넘는 성어가 되면 성전환을 해서 수컷이 된다. 매년 6~7월 산란기에 수컷은 진흙 바닥에 구멍을 뚫어 산란실을 만들고 암컷을 유인해 산란을 한 뒤 알이 부화될 때까지 지킨다. 이렇게 태어난 어린 새끼들은 당연히 모두 암컷이라 예외 없이 딸부자 집 형국이다. 어린 암컷들은 물속의 수서곤충과 저서생물을 잡아먹으며 점점 자라 나중에는 아비처럼 수컷이 되어 다시 번식기를 맞이하게 되는 것이다.

우리나라에서는 약으로나 가끔 쓸 뿐 거의 먹지 않는데다, 농약 등의 문제로 거의 멸종되다시피 했다. 그러나 중국에서는 뱀장어보다 맛이 좋아 진미 중의 진미로 꼽히며, 단백질과 지방이 풍부해 예로부터 보신용이나 약용으로 이용돼 왔다.

23

일반어종

누치 Hemibarbus labeo

복사꽃 만발한 강가의 봄의 전령

❀다른 이름: 놋치, 눈치, 눌치, 눗치, 느치, 는치

- 영명: skin carp
- 분류: 잉어과
- 크기: 10~70cm
- 색깔: 짙은 갈색
- 서식지: 서 · 남해의 큰 강
- 산란기: 4~5월
- 식성: 잡식성

잉어와 비슷하게 생겼지만 머리가 좀 더 크다. 동해안으로 흐르는 하천을 제외한, 서남해로 유입되는 강과 하천의 물이 맑고 깊은 곳에 서식한다. 몸길이는 20~30cm의 것들이 많고, 큰 개체는 70cm까지 성장한다. 몸은 원통형으로 길고 뒤

로 갈수록 옆으로 납작하다. 주둥이는 긴데, 아래턱이 위턱보다 짧고 입술은 조금 두터우며 짧은 입수염이 한 쌍 달려 있다.

봄비가 내려 곡식을 기름지게 하는 곡우, 강가에 복숭아꽃이 아름드리 피어남과 동시에 누치 떼들이 강줄기를 거슬러 올라와 수심이 얕은 강변이나 계류에서 한바탕 소란을 피운다. 몸통과 지느러미를 세차게 흔들어 모래와 자갈을 들쑤시면서 물장구를 치고 물보라를 일으킨다. 해마다 4월이면 누치가 산란을 위해 강으로 모여든다. 이때 통상 암컷 한 마리에 여러 마리의 수컷들이 방정할 기회를 잡으려고 필사적으로 달라붙으며 몸싸움을 한다. 강태공들 사이에 흔히 눈치라는 별칭으로 더 잘 알려진 물고기인 누치는 민물수계에서는 대형종에 속한다. 눈치가 빨라 사람이 접근하면 재빨리 숨어버려 쉬 잡히지 않지만 유독 낚시의 유혹에는 잘 넘어가 코가 꿰이기 일쑤이다.

누치는 비교적 영양가 높은 물고기로 대우받는다. 살에 잔가시가 많아 매운탕 감으로 기피하는 사람도 많지만, 큰 놈은 회를 떠서 먹기도 하며, 보통은 소금구이로 먹는다. 특히 곡우절 누치는 맛이 절정에 올라 튀김옷을 입혀 기름에 튀기면 맛이 일품이다. 전남의 일부 지방에서는 겨울철 누치를 최고의 횟감으로 친다. 얼음이 언 강에서 대나무 장대로 강바닥을 때려서 잠자던 누치를 깨워 그물로 잡아내는데, 무와 배를 곱게 채쳐 얹어 잘게 썬 누치와 함께 초고추장에 버무린 섬진강 누치 회는 임금님 수랏상에도 올랐을 만큼 그 맛이 기가 막히다.

24

일반어종

끄리 Opsariichthys bidens

배스보다 쎈 놈이 왔다, 하천의 불량배

※다른 이름: 꽃날치, 날피리, 색치리, 치리, 강치리, 끌이, 물치리

- 영명: Korean piscivorous chub
- 분류: 잉어과
- 크기: 30~40cm
- 색깔: 청갈색
- 서식지: 낙동강 상류
- 산란기: 5~6월
- 식성: 잡식성

끄리는 성어의 체장이 40cm에 달하는 대형 어종으로 은색 비늘로 덮여 있다. 몸은 길고 가느다랗게 생겨서 먹잇감을 향해 빠르게 돌진할 수 있는 체형을 지니고 있다. 특이한 점은 요철 모양

으로 구부러진 주둥이의 모양인데, 한 번 물린 먹잇감은 쉽게 빠져나가지 못하는 구조로 되어 있다. 성질이 급하고 한 곳에 오랫동안 머무르지 못하며, 낚아 올릴 때 피라미를 물고 올라오기도 한다.

한 번 점찍은 물고기는 기를 쓰고 쫓아가 먹어치우는 끄리의 탐식성은 실제로 보면 정말 대단하다. 강바닥부터 수면, 심지어는 물 위를 날아다니는 곤충까지 공격한다. 이런 탐식성은 필연적으로 많은 수중생물을 필요로 하게 되는데, 끄리는 강계를 휘저으며 수중 생태계를 심하게 교란하고 있는 심각한 위해 어종이라 부를 만하다. 무리지어 다니기를 좋아하고, 피라미나 갈겨니, 붕어, 잉어 등의 치어를 닥치는 대로 먹어치우며, 낚시꾼이 던진 떡밥,

깻묵가루 등도 잘 먹는다.

끄리는 그 살에 가시가 많고 살이 푸석하여 맛이 없는 고기로 알려져 있으나, 충청도 일부 지역과 강원도에서는 그 살을 발라내어 어죽을 만들어서 먹는다. 또한 배를 갈라 소금을 뿌려 꾸덕꾸덕하게 햇볕에 말린 후 숯불에 구우면 상당히 먹을 만한 맛이다. 간혹 끄리를 잡아 회를 떠 먹는 사람들이 있는데, 요코가와 흡충을 비롯한 각종 기생충이 기생하는 민물고기인 만큼 생식은 절대 금해야 한다.

CHAPTER 2

바다 건너 온 민물고기

외래어종

블루길(파랑볼우럭)Lepomis macrochirus

새끼를 위해서는 사람도 공격한다

※다른 이름: 월남붕어

- 영명: blue gill
- 분류: 검정우럭과
- 크기: 10~35cm
- 색깔: 연한 갈색, 초록 무늬
- 서식지: 하천, 연못, 인공호수
- 산란기: 5~6월
- 식성: 육식성

검정우럭과의 물고기들은 체고가 비교적 높으며, 앞쪽의 가시 지느러미와 뒤쪽의 여린 지느러미로 구성된 연속적인 등지느러미를 갖고 있다. 블루길은 북미가 원산인 외래 민물고기이다. 우리말로 파랑볼우럭이라 하는데,

블루길이 훨씬 더 친숙하다. 이름만 같을 뿐, 우럭하고 관계없는 어종이다. 예전에는 '월남붕어'란 이름으로 불려왔다.

블루길은 파란 아가미란 뜻으로 아가미 옆에 파랑색 테두리가 있기 때문에 붙여진 이름이다. 배스와 더불어 고유 생태계를 파괴하는 양대 외래 어종으로 유명하다. 멋모르고 도입했다가 시쳇말로 '그냥 망했어요'가 되어버렸다. 수산자원을 늘리기 위해 도입했지만, 맛이 없어 아무도 안 먹기 때문에 무용지물이 되어버린 것이다. 천적이 없는 곳에서는 다른 어종을 누르고 급속히 번식한다. 번식이 빠른 데다 작은 물고기까지 닥치는 대로 잡아먹기 때문에 팔당호 서식 어류 가운데 50%를 차지할 만큼 우세 어종이다. 배스는 낚시용으로 인기가 있는데 블루길은 그나마도 없다. 맛이 없어 더더욱 잡을 필요성을 느끼지 못하니, 이웃사촌 배스보다 생태계 파괴에 더 많은 영향

을 끼치고 있다고 봐야 할 것이다.

블루길은 특히 아침과 저녁 시간에 가장 활발히 먹이를 섭취한다. 여러 줄로 나 있는 작은 이빨로 음식을 씹어 먹는다. 일주일 만에 자기 몸무게의 35%에 해당하는 먹이를 먹어치운다.

블루길이 가장 많이 알을 낳는 시기는 수온이 20~27℃에 이르는 6월이다. 이 시기가 되면 수컷들은 암컷보다 짝짓기 장소에 먼저 도착해 50여 개의 둥지를 모래나 자갈 바닥에 만든다. 성질이 아주 사나워져서 수컷들은 자신이 만든 둥지에 접근하는 모든 것들을 내쫓아 버린다. 심지어 둥지에 접근하는 사람을 공격하기까지 한다.

02 외래어종

찬넬동자개(파랑메기)Ictalurus punctat

남의 동네에서는 얌전히 구는 게 상책

※다른 이름: 빠가사리, 바가사리, 빠가쏘가리

- 영명: Channel catfish
- 분류: 메기목 찬넬동자개과
- 크기: 70~80cm
- 색깔: 담청색
- 서식지: 댐, 호수, 강
- 산란기: 6~7월
- 식성: 잡식성

일명 파랑메기라고도 부른다. 입수염은 세 쌍이고 등 쪽에 기름지느러미가 2개 있다. 체색은 이름대로 담청색에 가깝다. 어릴 때는 몸 옆에 검은색 점이 있으나 자라면서 점점 작아지거나 없어진다. 머리 부분은 메기이지만 꼬리는 일

반 물고기와 같아서 몸통 자체는 붕어나 잉어와 같은 형태이다. 성장 속도가 빨라 성체는 80cm까지 자란다.

찬넬동자개는 미국산 메기로 일명 cat fish라고 불린다. 캣피시라고 부르는 이유는 고양이 고기와 맛이 유사하다고 하는 데서 유래되었다고 한다. 하천 하류 혹은 바다와 만나는 곳의 수심이 깊고 경사가 낮은 곳에 주로 살면서 수서 곤충, 물고기의 알이나 치어 등을 먹는다. 열대성 물고기여서 가장 살기 좋은 수온은 섭씨 30도 정도이다. 산란기에 수컷이 산란장을 준비하며, 알이 부화될 때까지 수컷은 수정란에 신선한 물을 공급시킨다.

이 종이 발견되는 지역은 대개 북한강 수계로, 주로 강의 중상류에 서식하는 것을 빼고는 뱀장어와 습성이 비슷

하다. 미국 중부와 대서양 남부 연안 유역에 자연 분포하지만 양식하기 좋아 전 세계에 이식되어 있다. 우리나라에서도 양식장에서 자연 방출된 개체들이 댐과 큰 강에 나타나고 있다.

찬넬동자개는 같은 외래종인 블루길이나 배스처럼 다른 물고기를 공격한다든지 난폭한 행동을 하는 물고기가 아니다. 매우 온순하며 다른 물고기를 공격하지 않는다. 우리나라 생태계에 적응하면서 앞으로 성질이 어떻게 변할지 모르지만 지금까지는 잘 적응하고 있는 것 같다.

고양이 고기맛과 비슷하다지만 먹어보면 의외로 육질이 소고기와 비슷하다. 단백질도 풍부하고 맛도 뛰어나다. 요리법이 좀 더 다양해지면 식품으로 각광받을 수 있는 물고기라고 생각된다.

03 향어(이스라엘잉어)Cyprinus carpio nudus

외래어종

닥치는 대로 먹어치우는 물속의 멧돼지

- 영명: Israeli carp
- 분류: 잉어과
- 크기: 30~60cm
- 색깔: 암청색 또는 회흑색
- 서식지: 강, 댐, 저수지
- 산란기: 5~6월
- 식성: 잡식성

독일잉어 또는 이스라엘잉어라고 한다. 독일에서 잉어를 오랫동안 인위적으로 개량한 품종이며, 이스라엘로 이식되었던 데서 비롯된 이름이다. 우리나라에서는 맛이 좋고 성장도 빨라 양식용으로 도입되었다. 습성은 잉어와 같으나, 잉어

가 어느 곳에나 분포하는 것에 비해 양식을 목적으로 하는 이 종은 오직 못이나 호수에만 서식한다.

향어 즉, 이스라엘잉어의 가장 큰 특징은 '물 돼지'란 별명답게 주변의 동물이든 식물이든 가리지 않고 닥치는 대로 먹는 놀라운 식성에 있다. 양식장에 가보면 향어가 먹이를 먹을 때, 마치 돼지가 쩝쩝거리며 밥을 먹는 것과 같은 소리를 내며 게걸스럽게 먹는 광경을 볼 수 있다. 향어란 이름은 도입 초기 '독특한 향이 나는 고기 맛'을 선전하기 위해 양식업자들이 만들어낸 이름이다. 하지만 향어에서 나는 독특한 향은 진흙 냄새와 비슷해서 업자들의 의도와는 달리 별로 인기를 끌지 못했다. 그러나 1980년대에 들어서면서 서민들의 먹거리에 변화가 생기자 대표

적인 양식어종으로 자리 잡고 최고의 인기를 누리기도 했다. 권불십년, 화무십일홍이란 말이 있듯이 지금은 수질오염 등의 문제로 쇠퇴일로를 걷는 입장에 처해 있고, 식용보다는 낚시용으로 근근이 명목을 이어가는 신세가 되어버렸다.

일반적인 민물고기들의 경우, 비린내가 바닷물고기보다 더 심해서 회로 먹기 힘들다. 그러나 향어는 회로 먹을 수 있는 민물고기 중 몇 안 되는 어종이다. 게다가 향어는 간디스토마에 걸릴 확률이 참붕어나 피라미에 비해 대단히 낮은 편이다. 물론 아예 걸리지 않는 것은 아니기 때문에 조심해야겠지만, 향어 회를 즐기고 싶다면 자연 상태에서 잡은 것보다 양식을 먹는 편을 권한다. 양식의 경우, 1980년대에 이미 간디스토마 균 발견이 완전히 사라졌기 때문이다.

–민물고기는 왜 회로 먹을 수 없을까?

민물고기 중 회로 먹을 수 있는 것은 빙어, 송어, 향어, 은어 정도이다. 송어와 향어도 양식한 것 외에 자연산은 회로 먹지 않는 사람도 많다. 물론 붕어, 잉어, 가물치 등을 회로 즐기는 용감한 사람도 있긴 하지만.

민물고기는 여러 가지로 감염원이 많다. 특히 디스토마는 치명적이다. 민물고기를 회로 먹지 않는 가장 큰 이유

는 이 때문이라고 봐도 무방할 것이다. 특수한 경우를 제외하고 저수지나 강물에서 사는 어종들은 대부분 디스토마가 있다. 이를 익히지 않고 먹을 경우 거의 감염된다고 보면 된다.

그렇다면 빙어는 어떻게 회로 먹을 수 있을까? 겨울철의 빙어는 차가운 계절이기 때문에 감염의 위험이 적어서 회로 즐기는 분이 많지만 주의해야 하는 것은 마찬가지이다. 더불어 은어의 경우, 바다에서 바로 올라오는 것은 회로 먹어도 괜찮지만, 올라온 지 좀 지나서 물이끼를 먹기 시작하면 위험하다고 봐야 한다. 양식하는 송어나 향어 같은 어종은 항생제가 투여된 사료를 먹고 별다른 디스토마 오염원이 없기 때문에 회로 먹을 수 있다.

디스토마는 우렁이나 새우, 게, 가재 등에서 유충 단계를 거치고 난 후 이를 먹는 민물고기에 기생한다. 또한 민물고기를 잡아먹는 가물치 등 포식어종에도 감염 후 기생한다. 디스토마는 유충 단계에서는 인체를 감염시키지 못한다. 반드시 성충이 몸에 들어와야만 감염이 된다. 다행스러운 점은 사람 몸에 디스토마 성충이 들어왔다고 하더라도 더 이상 번식하진 못한다. 폐나 간에 기생하며 살다가 수명이 다하면 모두 죽는다. 문제는 다량의 디스토마가 체내에 침투했을 경우인데, 이럴 경우는 더 이상 번식을 하진 않아도 간과 폐 조직에 너무 많은 손상을 주어 피를 토하게 되며 방치 시 간경변, 간암 등 심각한 현상을 초래할 수도 있다.

엄청난 양의 디스토마를 가지고 있는 대표적 어종으로는 참붕어와 가물치를 들 수 있다. 이 두 종은 그야말로 디스토마 덩어리다. 참붕어 비늘 안에는 수많은 디스토마가 기생한다. 병원에 온 디스토마 감염자 대부분이 의사가 뭘 드셨냐고 물으면 가물치회를 즐겼다고 말한다. 만일 참붕어를 손으로 만졌을 때에는 손에 묻은 비늘을 곧바로 입에 넣지만 않는다면 상관없다. 손에 묻은 디스토마는 손에 물기가 마르면 15분 내에 죽기 때문이다.

04 외래어종

배스 Micropterus salmoides

호수와 강을 접수한 민물의 점령군

- 영명: large mouth bass
- 분류: 농어목 검정우럭과
- 크기: 25~50cm
- 색깔: 청갈색
- 서식지: 호수, 2급수 하천
- 산란기: 5~7월
- 식성: 육식성

몸은 길고 옆으로 납작하며 꼬리자루는 좁다. 머리와 입이 큰 반면, 눈은 작다. 아래턱이 위턱보다 더 길며 날카로운 이빨이 있다. 등지느러미는 2개로 나뉘는데 꼬리지느러미는 끝이 둥근 모양이다. 크기는 보통 25~50cm 정도이며, 최대 60cm까지 성장한다. 호수나 하천의 2급수에서 주로 살지만 기수에까지 적응할 수 있다.

배스는 정부에서 대체식량으로 들여와 민간에 분양했던 어종이다. 그러나 민물고기 특유의 냄새로 인기가 없자 손해를 견디다 못한 사람들이 사업을 접고 양식하던 배스를 하천에 풀어주게 되었고, 이후 국내 생태계를 잠식, 수중 생태계를 파괴하는 주범으로 블루길과 함께 문제가 매우 심각한 어종이다.

배스는 입이 엄청나게 크다. 최대로 벌리면 눈 뒤까지 입이 벌어진다. 배를 가르면 심심찮게 토종 물고기들이 나온다. 배스는 민물에서는 두려울 게 없는 무법자이며 번식력 또한 매우 강하다. 산란 때 수컷은 둥지를 만들어 암컷을 유인하고 알을 낳게 한 후에 철저히 둥지를 보호한다. 그러니 번식력이 강할 수밖에 없다.

배스 낚시꾼들이 유일하게 존재하는 천적이라고는 하

지만, 그들은 배스를 잡으면 거의 방류해버린다. 매운탕 감으로 부적합하다는 이유로 잡고 나서 그냥 놓아주는 것이다. 생태교란의 주범 배스의 박멸이 이루어지지 않는 주된 이유다. 실제로 한 낚시꾼이 방송에 나와 "우리에겐 낚시를 즐길 권리가 있다" 따위의 헛소리를 아주 당당하게 하는 실정이다. 한 술 더 떠 일부 낚시꾼들은 단지 배스낚시를 즐기기 위해서 아직 배스가 없는 토종물고기들의 터전에까지 몰래 배스를 방류한다고 한다. 이것은 아주 위험한 행동이고 불법이며, 야생 동·식물보호법 제69조의 규정에 의해 2년 이하의 징역 또는 1000만 원 이하의 벌금에 처하도록 되어 있는 범법행위이다.

나일틸라피아 Oreochromis niloticu

외래어종

시몬 베드로가 낚았던 성서 속의 물고기

- 영명: Nile mouth breeder
- 분류: 농어목 시클리드과
- 크기: 20~50cm
- 색깔: 짙은 은백색
- 서식지: 호수, 늪
- 산란기: 6~7월
- 식성: 잡식성

몸은 은백색이나 등 쪽은 짙고 복부에 이를수록 점점 연해진다. 눈은 머리의 중앙 위쪽에 있으며, 아래턱이 위턱보다 조금 돌출되어 있다. 산란기의 수컷은 등지느러미와 꼬리지느러미 가장자리에 붉은 혼인색을 띤다. 암컷은

수컷이 방정한 알을 입으로 흡입하여 구강 내에서 수정하는데, 알들은 일주일 만에 부화하고, 보름째 입에서 나와 유영하기도 하며, 어미의 입을 피난처로 이용하기도 한다.

나일틸라피아는 세계에서 가장 많이 양식되는 어류 중 하나로서 기록에 의하면 2천년 전에 이집트에서부터 길러졌다고 한다. 활어 시장이나 횟집에서는 역돔으로 널리 통용되고 있는데, 이름 그대로 힘이 센 돔 또는 먹으면 힘이 솟는 돔이란 뜻으로, 우리나라에서 대량 양식이 가능해지자 활어 시장을 개척하기 위하여 붙여진 이름이다. 아프리카가 원산인 나일틸라피아는 열대어답게 국내

자연수계에서는 겨울을 지내지 못하는 것으로 알려져 있었으나, 급속도로 발달한 실내 양식 시스템 덕분에 지금은 대량 생산되고 있다. 그 생김새가 돔과 유사하고 맛도 좋은 편이어서 횟감으로 인기가 높은 편이다.

이 물고기는 전 세계적으로 양식되고 있는 종으로, 특이하게 성서에도 등장한다. 신약성서 요한복음 21장에 보면 "시몬 베드로가 올라가서 그물을 육지에 끌어올리니 가득한 큰 고기가 일백 쉰 세 마리라, 이같이 많으나 그물이 찢어지지 아니하였더라"고 적혀 있다. 본문에 나오는 큰 고기는 나일틸라피아의 일종으로 그쪽 지방에선 일명 '성베드로고기'라고 부른다.

06

외래어종

은연어 Onchorhynchus kisutch

생태계를 먹여 살리는 영양 공급원

- 영명: silver salmon
- 분류: 연어과
- 크기: 50~90cm
- 색깔: 연한 갈색
- 서식지: 한강 수계
- 산란기: 9~11월
- 식성: 육식성

몸은 긴 유선형으로 옆으로 납작하고 길며, 양 턱에는 예리한 이빨이 나 있다. 아가미는 길고 가늘며, 몸 등 쪽과 꼬리지느러미 윗부분에 검고 작은 점이 있다. 바다에서 1~2년 생활하다 산란기를 전후하여 1년 정도 하천에 머문다. 한 번에 2,400~6,500개 정도의 알을 낳는데 알은 적황색을 띤다. 부화한 어린 물고기는 하천에서는 수서 곤충을 먹다가 바다로 내려가 성어가 되면 물고기나 오징어를 먹는다.

맛이 좋고 성장도 빨라서 양식대상어종으로 주목받고 있는 귀한 물고기이다. 우리나라에는 1969년 50만 개 정도의 알을 들여와 부화를 시켜 방류했고, 그 뒤에도 매년 방류해서 한강 수계에 가끔 나타나기도 한다. 장어와 반대로 강에서 알을 낳기 때문에 알을 수정시키는 것은 쉬운 편이다. 하지만 연어의 귀향나들이는 쉽지가 않다. 산란기가 되어 바다에서 자신들이 태어난 강으로 가는 도중 연어는 물개와 상어들의 좋은 표적이 된다. 그나마 겨우 강으로 돌아와도 곰과 인간들이 길목을 막고 기다린다.

이들이 생태계에 미치는 영향은 실로 막대하다. 곰이나 물개, 상어들에게 좋은 먹잇감이 되지만, 산란기를 마치고 죽어서도 너구리나 여우, 독수리들을 먹여 살린다. 그뿐 아니라, 시체의 남은 부분들은 부패되어 하류나 강 연안의 식물들에게 영양분을 넘치도록 공급해준다. 이렇게 바다에서 가지고 온 연어의 영양분은 강 근처 동식물들에게 아낌없이 공급되는 것이다. 연구결과의 의하면 연어의

수가 줄어들수록 근처에 서식하는 동식물들의 개체 수에도 민감한 변화가 생긴다는 발표가 있다.

살이 많고 생선 특유의 비린내가 없으며 맛까지 좋아서 선사시대부터 즐겨 먹어온 물고기인 연어. 연어는 바다는 물론, 민물 생활도 하는 까닭에 자연에서 바로 채집한 것은 기생충이 많아서 날로 먹기에는 제법 위험하다. 보통 훈제를 해서 먹거나, 아니면 외국에서 양식한 연어를 회에 사용한다. 하지만 냉동시키면 기생충과 그 알이 전부 죽기 때문에 바로 갓 잡은 연어보다는 냉동시켰다가 해동한 연어를 먹는 것이 좋다.

CHAPTER 3

천연기념물 민물고기

01 열목어 Brachymystax lenok tsinlingensis

천연기념물

눈이 빨개 슬픈 이름

❀다른 이름: 산치, 염메기, 열목이, 창고기

- 영명: Manchurian trout
- 분류: 연어과
- 크기: 60~70cm
- 색깔: 노란 갈색
- 서식지: 강원도, 충북, 경북
- 산란기: 3~4월
- 식성: 육식성

눈에 열이 많아 붉은 눈을 가졌으며 차가운 계곡을 오르며 열을 식힌다고 해서 붙여진 이름이다. 하지만 눈의 열 때문에 차가운 물에 사는 것은 아니고, 눈 홍채의 색이 원래 그렇다. 1급수 맑은 물에서만 사는 냉수성 어류인데, 매

우 민감한 성격으로 발자국 소리만 나도 놀라서 바위 그늘에 숨는다. 이런 특징을 이용해서 낚시꾼들은 바위 뒤에 숨어서 낚시 바늘을 드리운다.

대표적인 회귀 어류인 연어, 무지개송어, 산천어 등 몇몇 종들은 대개 바다와 하천을 오르내리면서 살아간다. 열목어 역시 이들과 같은 회귀 어류 중 하나이지만, 다른 종과는 달리 바다로 회유하지 않고 일생을 담수에서만 지낸다. 찬물이 풍부히 흐르는 계곡이나 여울에 유유히 떠다니다가 여름철 수온이 오르면 기운이 없어져 물 표면에 떠오르는 열목어도 있다.

열목어는 낮은 수온과 풍부하지 못한 먹이로 인해 곤

충, 작은 물고기뿐만 아니라 자기 새끼까지도 잡아먹는데, 이는 차갑고 어려운 환경에서 살아남기 위해 오랜 세월 동안 진화해온 결과물이다. 동족을 잡아먹는 이러한 행위는 참치나 가다랑어에서도 볼 수 있다. 그 때문에 어린 새끼들은 다른 종뿐만 아니라 열목어 큰 놈으로부터의 위협을 받으며 힘겨운 어린 시기를 보낸다.

02

천연기념물

미호종개 Iksookimia choii

입이 작아 모래만 먹어요

※다른 이름: 기름종개, 기름챙이, 수수미

- 영명: Miho spine loach
- 분류: 잉어목 미꾸리과
- 크기: 6~7cm
- 색깔: 연노랑색
- 서식지: 금강 미호천
- 산란기: 5~6월
- 식성: 모래 속의 규조류

미호종개의 몸은 가늘고 길다. 주둥이는 끝이 뾰족하고 몸통은 굵지만 꼬리는 가늘다. 입은 작고 주둥이 밑에 있으며 입가에는 3쌍의 수염이 있다. 유속이 완만하고 수심이 얕은 수역의 모래 속에 몸을 파묻고 산다. 산란기는 5~6월로

얼핏 참종개와 비슷하게 생겼다.
참종개는 몸에 세로로 줄무늬가 나 있는 데 반해,
미호종개는 연한 노란색 몸 옆구리에 갈색 반점이 길게 나 있다.

추정하며 모래 속에 있는 규조류를 섭식한다.

미호종개는 크기가 작은 편이라 수심이 너무 깊으면 수압이 세서 살 수가 없다. 이들은 물 흐름이 느리고 수심이 50㎝ 정도인 얕은 모래 속에 숨어 규조류를 주로 먹고 산다. 미호종개는 모래에 파고들어 자신의 몸을 숨기고 보호하는 습성이 있다. 그래서 모래의 크기는 매우 중요하다. 모래 알갱이가 너무 크거나, 바닥이 진흙이면 잘 파고들지 못하기 때문이다.

현재 우리나라에서 미호종개를 찾아볼 수 있는 곳은 금

천연기념물 제454호로 손영목 박사가 최초로 발견하여
1984년 김익수 교수와 공동명의로 신종 발표한 민물고기이다.
보고 당시 금강의 지류인 미호천에서 발견되어 미호종개란 한국명이 지어졌다.

강 지류인 미호천(충북 청원), 백곡천(충북 진천), 갑천(대전) 등 셋뿐이다.

03

천연기념물

황쏘가리 Siniperca scherzeri

눈부신 순도 99.9%의 황금색

※다른 이름: 꺽대기, 소갈이, 강쏘가리, 금영어

- 영명: Mandarin fish
- 분류: 농어과
- 크기: 20~60cm
- 색깔: 황갈색
- 서식지: 한강, 금강
- 산란기: 5~7월
- 식성: 육식성

이름은 다르지만 황쏘가리는 보통의 검은 쏘가리와 완전히 같은 어종이다. 몸의 형태도 거의 같다. 그러나 색소결핍증인 알비노현상에 의한 돌연변이의 일종으로 몸빛깔이 황금색이다. 국내 토종 민물고기 중에서 가장 화려한 빛깔이라 할 수 있다.

제아무리 금붕어, 비단잉어 등 관상어가 아름답다고 해도 황쏘가리의 그것과는 비교할 수가 없다.

소양강 줄기, 팔당, 광나루, 청평천, 남한강 상류의 한강 일대와 임진강 수역에 주로 서식한다. 일반 쏘가리가 뛰어난 고기 맛으로 인해 계류낚시, 매운탕 감으로 개체수가 줄어들었지만, 대조적으로 황쏘가리는 천연기념물로 지정돼 법으로 보호받으며 민물 속의 왕자로 군림한다. 이처럼 특별대우를 받는 신분이지만 치어에서 황금빛깔을 발견하기는 어렵다. 자라면서 색과 무늬가 달라지기 때문이다.

쏘가리의 치어

황쏘가리의 시작은 몇몇 개체를 제외하고는 모두 보통 쏘가리라고 보면 된다. 따라서 천연기념물인 황쏘가리의 개체 수를 늘리기 위해서는 이들을 낳는 일반 쏘가리도 그에 상응하는 대우를 해주어야 한다.

04

천연기념물

무태장어 Anguilla marmorata

제주 천지연이 천연기념물인 이유

※다른 이름: 얼룩뱀장어, 점박이장어, 큰뱀장어

- 영명: marbled eel
- 분류: 뱀장어과
- 크기: 1~2m
- 색깔: 황갈색에 흑점 무늬
- 서식지: 탐진강,섬진강, 제주
- 산란지: 뉴기니, 보르네오 섬
- 식성: 육식성

무태장어는 뱀장어목 뱀장어과의 열대성 어류로서, 몸의 모양은 뱀장어와 거의 비슷하지만 몸 전체에 얼룩 흑점이 있는 것이 다르다. 대체로 뱀장어보다 크고, 2미터 가까이 되는 큰 개체도 있다. 물살이 빠른 강이나 호수, 늪

등에 서식한다. 새우, 게, 물고기, 조개 등을 잡아먹는 육식성 어류로 주로 밤에 활동한다.

장어 중에는 육지로 올라오는 놈도 있지만 그냥 바다에 사는 놈들도 많다. 장어가 귀하다고 하지만 그것은 민물장어를 말하는 것이고, 바다에 사는 장어들은 사정이 조금 나은 편이다. 민물장어는 바다를 통한 후 하천을 거슬러 올라가야 하지만, 바다뱀장어는 해안가까지만 오면 되기 때문이다.

우리나라에 살고 있다는 것이 처음으로 알려진 곳은 제주도 서귀포시의 천지연이다. 천지연은 천연기념물 제27

호로 지정되어 있는데, 지정된 가장 큰 이유가 바로 무태장어가 서식하기 때문이다. 무태장어는 제주도 말

로 큰 뱀장어라는 뜻으로, 일반 뱀장어보다 크기가 커서 붙여진 이름이다.

어려서는 바다에서 지내다가 다 자라면 민물로 올라온다. 약 5~8년간 민물에서 지내다가 깊은 바다로 내려가 알을 낳는다. 그리고 부화한 뒤 다시 난류를 따라 강으로 거슬러 올라온다. 천연기념물 제258호로 지정되었고, 일본과 대만에서도 천연기념물로 보호하고 있다.

05

천연기념물

어름치 Hemibarbus mylodon

산란 탑을 쌓아 알과 새끼를 보호해요

※다른 이름: 어럼치, 으름치, 어름치기, 한내

- 영명: spotted barbel
- 분류: 잉어과
- 크기: 20~30cm
- 색깔: 연한 갈색
- 서식지: 한강, 금강
- 산란기: 4~5월
- 식성: 잡식성

누치와 참마자에 비해 몸이 크고 주둥이가 둥글다. 몸길이는 대개 20cm 정도이지만 드물게 큰 개체는 40cm에 이른다. 한강과 금강 수계의 상류에만 서식하며 산란기를 제외하고는 비교적 깊은 늪에서 지낸다. 물의 깊이가 50~70cm 되는

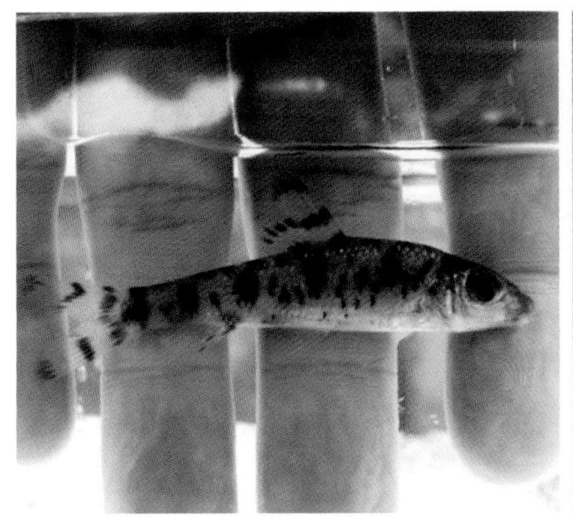 

곳의 자갈이 있고 맑은 물이 흐르는 곳에서만 알을 낳는다.

자갈을 모아 산란 탑을 쌓는 특이한 습성을 가지고 있다. 산란 탑은 알과 치어를 보호하는 중대한 역할을 한다. 다른 치어들과는 달리 어름치의 치어는 움직임이 매우 느리기 때문에 다른 물고기의 먹이가 될 가능성이 매우 높지만, 산란 탑은 이런 치어들이 안전하게 숨을 수 있는 최적의 요새가 된다. 어름치는 산란 후 반드시 탑을 쌓아 올리기 때문에 그 수를 확인하는 것만으로도 개체수를 짐작할 수 있다. 산란장은 수심이 낮고 바닥에 자갈이 깔린 곳이므로 댐이 들어서면 산란장을 잃게 된다. 어름치의 수효

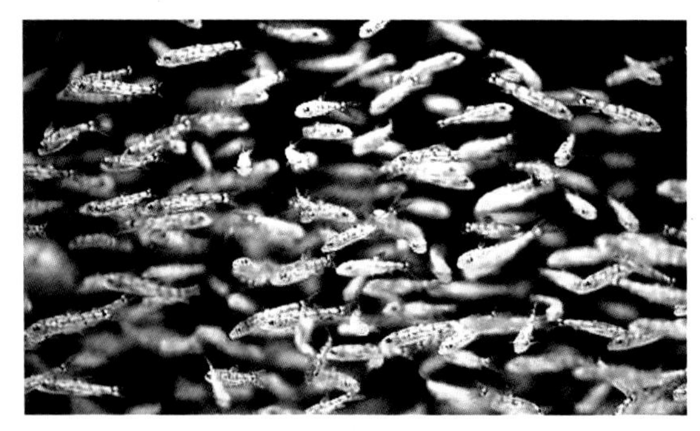
어름치와 치어 방류의 모습

정선 아우라지 어름치 마을

가 격감하고 있는 가장 큰 원인이 바로 대형 댐 조성이다.

어름치의 분포지로 알려진 곳은 한강과 금강의 수계뿐이다. 금강의 어름치는 현재 멸종했을 가능성이 크다. 특산종으로 보호할 가치가 높아 금강 상류의 어름치는 1972년에 천연기념물 제238호로, 1978년에는 전국의 어름치가 천연기념물 제259호로 지정되어 보호되고 있다.

06 천연기념물

꼬치동자개 *Pseudobagrus brevicorpus*

빠가사리로 더 잘 알려져 있음

❀다른 이름: 개가사리, 대개사리, 배가사리, 빠가사리, 자가사리

- 영명: Korean stumpy bullhead
- 분류: 메기목 동자개과
- 크기: 20~30cm
- 색깔: 연한 갈색
- 서식지: 낙동강 상류
- 산란기: 6~7월
- 식성: 육식성

동자개는 20cm 되는 것은 흔히 볼 수 있고 25cm 이상 나가는 것도 있지만, 이 물고기는 8cm 이하가 보통이고, 큰 것이라야 11cm를 넘지 못한다. 이와 같은 이유로 작은 동자개라는 뜻인 꼬치

동자개라고 부른다. 몸에 비늘은 없고 눈은 비교적 큰 편이며 등과 가슴지느러미에 강한 가시가 있어서 만질 때는 조심해야 한다.

꼬치동자개는 동자개, 눈동자개, 밀자개, 대농갱이, 종어 등과 함께 빠가사리로 흔히 알려진 동자개과 6종 중 하나이다. 이 가운데 눈동자개와 꼬치동자개는 우리나라에서만 볼 수 있는 고유종이며, 종어는 1m 이상 크기도 있었다고 할 만큼 대형 종이었는데 멸종되어서 더 이상 볼 수 없다. 동자개과는 종어를 제외한 5종이 생김새가 상당히 비슷한 편이라 일반인은 웬만해서는 구분하기가 어렵다. 입 주변에 4쌍의 긴 수염이 있는 것이 특징이며, 등지느러미와 가슴지느러미 앞쪽에 1개의 강한 가시가 있어서 한번 찔리기라도 하면, 통증이 심하여 하루 정도는 고생할 각오를 해야 한다.

동자개과 물고기가 민물낚시에 반갑지 않은 손님 취급을 당하는 것은 독이 있는 굵은 가시도 이유가 되겠지만, 무엇보다도 낚싯줄을 감아 헝클어버리기 때문이다. 그러나 빠가사리 매운탕의 맛을 아는 사람들 사이에서는 꽤 인기 있는 물고기로 각광받고 있는 종이기도 하다.

POINT

"빠가빠가" 밤하늘의 적막을 깨뜨리는 소리가 들린다. 동자개는 위협을 받으면 가슴지느러미를 관절과 마찰시키는데, 이때 마찰음으로 '빠가빠가' 소리가 들린다. 그래서 원 이름인 동자개가 오히려 낯설게 들릴 정도로 빠가사리라는 이름으로 더 유명하다.

–물고기의 수명

물고기의 수명은 종에 따라 매우 다양하다. 나이테같이 비늘의 무늬로 나이를 파악한다고 하지만 보통 사람이 구분하기는 상당히 어렵다.

일반적으로 물고기의 평균 수명은 몸집의 크기와 밀접한 관계가 있다. 30cm 이상 되는 잉어나 메기, 뱀장어 같

은 경우는 보통 10년 이상, 10cm에서 30cm 정도 되는 황어, 미꾸라지 등은 대략 10년 내외로 살고, 송사리처럼 몸집이 10cm 이하인 소형 물고기들은 생후 1년 정도 살다가 생을 마감한다.

또한 산란 횟수와도 깊은 관계가 있어 빙어, 은어, 뱅어, 은가시고기 등은 단 한 차례 산란한 다음 일생을 마치는 반면, 붕어, 잉어, 메기 등은 일생 동안 여러 차례 산란하고 수명을 다한다.

CHAPTER 4

멸종위기의 민물고기

가는돌고기 Pseudopungtungia tenuicc

멸종위기

관상어로 인기 No. 1

❀다른 이름: 겜미리, 곤돌메기, 깨고기, 대통이, 댕미리, 댕피리

- 영명: slender shiner
- 분류: 잉어과
- 크기: 8~10cm
- 색깔: 짙은 갈색에 줄무늬
- 서식지: 한강 상류
- 산란기: 5~6월
- 식성: 잡식성

남한강, 북한강 및 한탄강에만 극히 제한되어 분포하며, 물이 맑고 바닥에 자갈이 깔려 있는 하천의 중상류에 서식한다. 인기척만 나도 돌 밑에 잘 숨는다. 돌고기에 비해 작은

8~10cm 정도의 소형 물고기로, 돌에 붙은 미생물과 곤충의 애벌레를 주로 습식하는 것으로 짐작되나 생활사에 대해서는 알려진 것이 거의 없다.

돝(돌)고기의 '돝'은 돼지의 옛말이다. 옛 문헌에도 '돈(豚)어'라고 기록돼 있는데, 그렇게 부르게 된 이유는 다 자라면 돼지처럼 통통하게 살이 찌고 입 가장자리가 근육질로 부풀어 불룩해지는 특성에 주목한 때문이다.

언뜻 보면 돌고기와 비슷하게 생겼지만 돌고기보다 몸이 훨씬 가늘고 입 가장자리도 그다지 불룩해지지 않는다. 또한 등지느러미 꼭대기 부분에 초승달 모양의 검은 띠가 있어서 돌고기와 쉽게 구분이 된다. 아직까지 식성

이나 생태, 성장에 관해서는 제대로 밝혀지지 않았지만 돌고기와 비슷할 것으로 보인다.

한국 고유종으로 1980년 전상린 박사에 의해 신종으로 보고되었으며, 한강 상류에만 분포한다. 그 수가 갈수록 감소하고 있는 희귀종으로 요즈음 동호인들 사이에서 관상어로 인기가 매우 높은 어종이다.

02

멸종위기

잔가시고기 Pungitius kaibarae

부성애의 표본

❀다른 이름: 까시고기, 민물까시고기, 치고기, 칼치

- 영명: short ninespine stickleback
- 분류: 큰가시고기과
- 크기: 5~7cm
- 색깔: 짙은 갈색
- 서식지: 금호강, 형산강
- 산란기: 4~6월
- 식성: 수서곤충, 지렁이

가시고기와는 달리 몸의 색깔이 약간 검다. 수온이 낮고 물이 솟는 2급수에서 지내다 가을이 되면 수심이 깊은 곳으로 이동하는데, 천적이 접근해 오면 흙탕물을 일으킨 후 숨는 습

성이 있다. 잔가시고기와 가시고기를 구분하는 포인트는 다름 아닌 등에 있는 가시막이다. 잔가시고기를 보면 가시막이 검은색이다. 반면 가시고기는 투명하다.

겨울 동안 암수 모두 금빛 색깔을 띠지만 산란기가 되면 수컷은 검은색으로 변한다. 봄기운이 완연한 5월이 되면 수컷은 물풀에 산란둥지를 만든 후 암컷을 유인하여 알을 낳게 한다. 산란을 위해서는 어느 종이나 영역 다툼을 하기 마련이고 암컷을 차지하기 위해 호전적인 모습을 보이지만, 잔가시고기 또한 영역에 대한 의식이 굉장히 강하다. 또한 방어 및 공격의 도구로 가시를 이용해 결투를 펼친다는 점이 특이하다.

암컷은 산란 후에 죽고, 부화한 새끼들은 둥지를 떠날 때까지 수컷의 보호를 받는다. 한편, 수컷은 새끼 기르기가 끝나면 죽는다.

우리 인간들에게 부성애란 어떤 것인지 그 지극한 표본을 보여주는 잔가시고기는 안타깝게도 자연개체군이 안정적이지 못하다. 그나마 안정적으로 서식하는 곳 역시 인위적 교란에 놓여 있어 보호가 요구되는 종이다. 현재 멸종위기야생동식물 2급으로 지정되어 있다.

멸종위기

퉁사리 Liobagrus obesus

퉁가리도 닮고, 자가사리도 닮고

❀다른 이름: 탱비리, 탱여리, 불자가미, 불자개, 자개, 자개미

- 영명: bull-head torrent catfish
- 분류: 메기목 퉁가리과
- 크기: 10cm 내외
- 색깔: 짙은 황갈색
- 서식지: 금강, 영산강
- 산란기: 5~6월
- 식성: 육식성

퉁가리에 비해 몸이 통통한 편이며 가슴지느러미 안쪽에 3~5개의 톱니가 있다. 몸은 길쭉하고 살갗에는 미끈한 점액질이 묻어 있어 돌 틈을 헤집고 다니기에 좋다. 하천 중류의 유속이 완만하고 자갈

이 많은 곳에 서식하며 수서곤충을 먹고 산다. 자가사리와는 턱 모양으로, 퉁가리와는 가슴지느러미의 거치 수로 쉽게 구분할 수 있다.

퉁사리는 오직 우리나라의 금강과 영산강 등 극히 일부 지역에서만 서식하는 고유어종이다. 예전엔 너무 흔하고 가시로 톡 쏘아, 잡아도 별로 대접받지 못하던 물고기였다. 그러나 최근 급격히 사라져 환경부 지정 멸종위기 1급 어류가 되었다.

퉁가리와 자가사리의 중간적 특징을 가지고 있어 퉁사리라 이름 지어졌는데, 지난 1987년 금강에서 채집되어

처음 보고되었다. 퉁사리는 지구상의 메기목 어류 4천 종 중에서 가장 작은 염색체를 가지고 있어 생태적으로도 소중한 특징을 지닌 물고기로 꼽힌다.

퉁사리의 산란이 이뤄지는 시기는 대개 5,6월로, 보통 크고 넓적한 돌 밑에 모래를 파고 집을 만들어 알을 낳는다. 한 번에 낳는 알의 개수는 100여 개로, 다른 물고기에 비해 그 수가 터무니없이 적다. 그러나 아비 퉁사리는 호시탐탐 알을 노리는 포식자들로부터 새끼를 보호하기 위해 필사적으로 그 곁을 지키며 가시고기와 마찬가지로 극진한 부성애를 보여준다.

04 돌상어 Gobiobotia brevibarba

멸종위기

진달래 필 무렵 나타나는 봄손님

❀다른 이름: 개돌나리, 개돌라리, 꽃고기, 꽃뿌거리, 돌라리, 돌랄치

- 영명: 한국 고유종
- 분류: 잉어목 모래무지아과
- 크기: 10~15cm
- 색깔: 노란 적갈색
- 서식지: 한강, 임진강, 금강
- 산란기: 4~5월
- 식성: 육식성

물이 깨끗하고 자갈이 깔려 있는 1급수에서 서식하며, 이 돌에서 저 돌로 재빠르게 옮겨 다니며 잘 숨는다. 앞부분의 배 쪽이 평평하고 가슴지느러미가 빳빳하며 좌우로 퍼져 강바닥에 밀착하기에 알맞다. 습성과 생활사에 관해서는 알려진

것이 없지만, 진달래가 필 때에 모여드는 것으로 보아 알을 낳는 시기는 4,5월로 추정된다.

다 자란다 해도 겨우 15㎝ 정도밖에 되지 않는 녀석에게 왜 돌상어라고 이름 붙였을까? 이름만 상어일 뿐 사납지도, 더군다나 날카롭고 섬뜩한 이빨도 없다. 바다 상어들이 들었다면 코웃음을 칠 일이지만, 옆에서 가만히 바라보면 길쭉한 몸매에 우뚝 선 등지느러미가 제법 상어의 모습을 닮았다. 그러나 이름과는 달리 튼실한 물고기는 아니다. 집에 가져와서 수족관에 넣어봐야 일주일을 넘기지 못하고 죽어버리니, 혹 자연에서 채집했다면 잠시 관찰만 하고 그대로 다시 놓아주어야 한다.

영동 지방에서는 진달래가 필 무렵에 몰려오는 돌상어

는 겨울 동안 먹지 않아 뱃속이 비어 있으므로 안심하고 회로 먹는 것이 연중행사처럼 되어왔으나, 현행 야생동식물보호법에는 멸종위기 야생 동식물을 채취, 훼손하거나 고사시키면 3년 이하의 징역 또는 2000만 원 이하의 벌금을 물도록 규정하고 있다.

05 감돌고기 *Pseudopungtungia nigra*

멸종위기

빼꾸기처럼 탁란을 하는 물고기

※다른 이름: 돌고기, 대통이, 돌쭝어, 도꼬모자, 쭌칭이, 꺼먹딩미리

- 영명: black shiner
- 분류: 잉어과
- 크기: 7~10cm
- 색깔: 암갈색 몸에 검은 띠
- 서식지: 금강, 만경강
- 산란기: 5~6월
- 식성: 잡식성

몸길이 7~10cm 정도로 돌고기와 아주 비슷하지만, 몸 중앙에 긴 검정 줄무늬가 있고 지느러미에도 검정색 반점을 가지고 있는 것이 특징이다. 부안종개, 임실납자루와 더불어 호남의 대표 토종 물고기로서 금강 상류 수계와 만경강에 드

물게 서식한다. 맑은 물이 흐르는 곳의 바위틈이나 돌이 있는 곳에서 작은 수서곤충을 먹고 산다.

뻐꾸기가 오목눈이의 둥지에 알을 낳은 후 둥지를 떠나면 오목눈이는 자신의 새끼와 뻐꾸기 알을 함께 부화시켜 자랄 때까지 돌본다. 이처럼 다른 종의 둥지에 알을 낳아 그 종으로 하여금 부화와 양육을 하도록 하는 것을 탁란이라 한다. 이러한 탁란 행위를 감돌고기가 한다. 산란기인 5~6월, 물 흐름이 완만한 바위틈의 꺽지 산란장으로 들어가 감돌고기 암컷이 산란하면 수컷이 재빨리 정자를 뿌리고 빠져 나온다. 아무것도 모르는 꺽지가 자기 새끼를 지키면서 지느러미를 흔들어 산소를 제공해주면 감

돌고기 수정란도 자연스레 보호를 받는다. 감돌고기 어린 새끼는 꺽지가 부화하기 전에 먼저 부화하여 그곳을 빠져 나온다.

2급수 이상의 맑은 물이 보금자리이지만, 최근 생태환경이 나빠지면서 금강 수계의 대부분 서식지가 사라지고, 상류로 이동하는 데 성공한 일부 개체만 살아남았다.

06

멸종위기

얼룩새코미꾸리 Koreocobitis naktongensis

미꾸리계의 표범

※다른 이름: 얼룩미꾸리, 수수종개, 용미꾸리, 호랑이미꾸라지

- 영명: white nose loach
- 분류: 잉어목 미꾸리과
- 크기: 10~15cm
- 색깔: 황색에 검은 반점
- 서식지: 낙동강 수계, 태화강
- 산란기: 5~6월
- 식성: 잡식성

새코미꾸리와 매우 비슷하지만 더 진한 노란색을 띠며, 반점의 크기가 더 크고 서식지가 서로 다르다. 이전에는 새코미꾸리로 분류되었으나, 2000년 신종으로 기재되면서 몸에 얼룩무늬가 있어 얼룩새코미꾸리라 명명했다. 수수

미꾸리와 더불어 낙동강에서만 서식하고 일반인이 보기 힘든 귀한 종이다.

불과 20년 전만 해도 매운탕 집 수족관에서 흔하게 볼 수 있던 종이다. 미꾸리과의 물고기 중에서는 대형에 속해 몸길이가 보통 10~15㎝ 정도 된다. 미꾸라지는 탁한 물에서 살지만 얼룩새코미꾸리는 유속이 빠른 하천 중상류, 그 중에서도 낙동강 수계에서만 산다. 한때는 대구의 금호강 중류에서도 대량으로 서식했다는데 지금은 거의 찾아볼 수가 없다. 강바닥에 붙어사는 물고기라 강바닥을 파 엎으면 당연히 살 수가 없다.

07

묵납자루 Acheilognathus signifer

멸종위기

부르는 게 값! 귀한 몸

❀다른 이름: 각시붕어, 꽃붕어, 납세미, 납조리, 납짜리

- 영명: 한국 고유종
- 분류: 잉어목 납자루아과
- 크기: 5~7cm
- 색깔: 검푸른색
- 서식지: 한강, 임진강, 압록강
- 산란기: 5~6월
- 식성: 잡식성

납자루 종이 대개 그렇듯이, 이 물고기도 다 자라야 5~7cm 정도이다. 등지느러미와 뒷지느러미의 가장자리가 다른 납자루 종류보다 둥글고 입가에는 한 쌍의 수염이 있다. 온몸은 검푸른 색을 띠는데, 수컷은 산란기가 되

묵납자루 수컷

묵납자루 암컷

면 그 색깔이 더욱 뚜렷해진다. 다른 납자루처럼 수초나 돌 틈이 아닌 민물조개의 체내에 산란한다.

묵납자루는 주로 한강 수계 이북의 물이 맑고 수초가 우거진 곳에 서식한다. 번식기가 되면 수컷은 아름다운

혼인색을 띠고 암컷은 산란관을 길게 늘어뜨린다.

한국, 중국, 일본에 사는 납자루 14종 중 우리나라에만 서식하는 묵납자루가 가장 예쁘고 귀하게 생겼다.

그래서인지 일본에서는 괜찮은 묵납자루 한 쌍이 한국 돈으로 50만 원에 거래되고 있다고 한다. 한술 더 떠 밀반입한 후 산란시켜 판매하는 사이트까지 있다. 인기가 얼마나 대단한지 부르는 게 값이고, 판매 사이트에서 마리당 약 4천~5천 엔에 판매되고 있는 실정이다.

그러나 문제는 이 물고기가 멸종 위기에 처해 있다는 사실이다. 1996년 환경부와 한국자연보존협회에서 보호종으로 지정하여 포획, 채취를 금지하였지만 아직도 개체수가 턱없이 부족한 것이 현실이다.

08 멸종위기

둑중개 Cottus poecilopterus

산란세력을 구축해 접근하면 물어뜯는다

※다른 이름: 꾸구리, 노랑뚝지, 뚜거리, 뚝부구, 뚝장우, 뚝젱이

- 영명: yellow fin sculpin
- 분류: 쏨뱅이목 둑중개과
- 크기: 10~15cm
- 색깔: 녹갈색
- 서식지: 경기, 강원의 1급수
- 산란기: 4월
- 식성: 육식성

몸은 가늘고 길며 몸통은 옆으로 납작하지만 꼬리는 더욱 납작하다. 등지느러미는 가시 부분과 살 부분으로 갈라지는데, 가시는 8,9개로 처음과 끝이 짧아서 바깥 가장자리가 둥글게 보인다. 하천의 상류 중에서도 물이 맑고 여름에도

수온이 20℃ 이상 올라가지 않으며 유속이 빠른 곳의 돌 밑에 숨어살면서 곤충의 유충을 잡아먹는다.

생활 습성이나 성장에 관해서는 알려진 것이 거의 없고, 알을 낳는 시기는 4월이다. 만 2년이 되면 알을 낳는데, 산란 시 650~900개 정도의 알을 여울의 큰 돌 밑바닥에 부착한다. 수컷은 수정란이 부화될 때까지 산란 세력권을 형성하고 성숙한 동일종의 개체나, 다른 어종이 접근하면 입을 크게 벌려 위협하고 물어뜯는다.

원래 조류나 포유류 같은 동물들은 부성애보다는 모성애가 더 강하지만, 어류의 경우에는 부성애가 더 강하다. 둑중개 외에도 다른 동물들을 위협하기 위해 소리를 내면

서 알을 지키는 동사리, 굴속에서 알을 지키며 한시도 굴 밖을 떠나지 않는 가시고기까지 자신의 자식들을 보호하는 물고기들은 대부분 수컷들이다.

1급수의 어종으로 주로 강원도와 경기도의 산악지대에 분포하며, 물의 오염에 약해 계곡 근처에 혼탁한 하수가 유입되면 즉시 타격을 받아 죽고 만다.

09 임실납자루 *Acheilognathus somjinensi*

멸종위기

오직 섬진강에서만 서식하는 납자루

※다른 이름: 납조라기, 납재기, 납조래기, 꽃납지래기, 꽃붕어

- 영명: Somjin bitterling
- 분류: 잉어목 납자루아과
- 크기: 5~6cm
- 색깔: 암갈색에 노랑
- 서식지: 섬진강
- 산란기: 5~8월
- 식성: 잡식성

흔히 볼 수 있는 칼납자루와 비슷하게 생겼다. 가뜩이나 비슷해 구별하기 힘든데 칼납자루와 같이 사는 경우가 많다. 하지만 수컷이 몸체 옆 뒤쪽에 보랏빛 광택을 띠는 점에서 칼납자루와 구별된다. 또한 칼납자루가 말조개의 몸 안에

알을 낳는 데 비해 임실납자루는 두드럭조개 종류에만 알을 낳는 것도 차이가 있다.

우리나라의 하천에는 아름답고 앙증맞은 납자루 종류가 각시붕어를 비롯해 모두 14종이 살고 있다. 이들은 보통 5~7cm의 소형으로 옆으로 납작한 형태이고, 산란기에 화려한 혼인색을 띠며, 암컷이 민물조개 몸 안에 알을 낳는 공통점을 갖고 있다.

그러나 서식 장소에서는 뚜렷한 차이를 나타낸다. 칼납자루는 흐르는 물 속 자갈이 겹겹이 쌓인 곳에서 살지만, 임실납자루는 물이 고인 웅덩이의 펄과 모래바닥 위의 수생식물이 자라는 곳에서 주로 생활한다.

두드럭조개

민물고기는 대개 수천, 수만 개의 알을 낳지만 납자루 종은 보통 100개 미만을 산란해 집단의 크기가 아주 작다. 그 중에서도 임실납자루는 특히 멸종위기에 처해 있다. 이미 멸종된 서호납줄갱이와 마찬가지로 분포지가 매우 좁고 개체수가 적은데다, 색깔이 아름다워 사람들의 눈에 잘 띄어 남획되기 쉽기 때문이다. 또한 하천정비사업의 영향으로 산란처인 민물조개가 점차 사라지면서 이들의 산란과 부화가 불가능하게 되는 것도 한 요인이 될 것이다.

10 한둑중개 *Cottus hangiongensis*

멸종위기

가시고기만큼이나 극진한 부성애

※다른 이름: 둑쟁이, 뚜가리, 뚜거리, 뚜거지, 뿌거리, 참꾸구리

- 영명: Tuman river sculpin
- 분류: 쏨뱅이목 둑중개과
- 크기: 10~15cm
- 색깔: 흑갈색
- 서식지: 강원도, 경북, 두만강
- 산란기: 3~6월
- 식성: 육식성

둑중개과에 속하는 민물고기로 둑중개와 비슷하게 생겼지만 몸의 색깔이 좀 더 짙다. 몸길이는 약 10cm 정도이고 최대 15cm까지 성장한다. 몸의 횡단면은 둥글고 뒷지느러미가 시작되는 부분부터 옆으로 납작하다. 머리

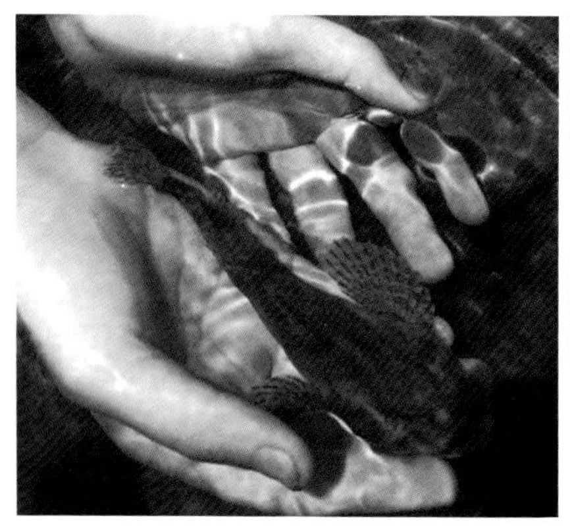

는 심하게 위아래로 납작하고 주둥이의 폭은 넓다. 눈은 둑중개와 마찬가지로 작고 머리의 등 쪽에 치우쳐 있다.

자갈이나 모래가 깔린 하천 하류에서 수서곤충을 먹고 살다가 서식지에서 1~2km 이내의 강가 돌 밑에 산란한다. 산란철은 3~6월이며, 수컷이 적당한 돌을 골라 둥지를 형성하면 암컷이 산란한다. 그런 다음 다른 물고기의 접근을 막으면서 알이 부화할 때까지 수컷이 홀로 지킨다. 물고기 중에는 수컷이 산란할 둥지를 조성하고 알이 부화할 때까지 보호하는 본능을 가진 것이 많다. 한둑중개를 비롯해 망둥어류, 동사리, 심지어는 포악하다고 알려진 블루길과 가물치까지도 그런 본능을 지니고 있다. 부성애는 가시고기만의 특권은 아닌 모양이다.

영명에서 알 수 있듯이 두만강에서 처음 발견됐고 연해주를 비롯해서 강원도와 일본 홋카이도 등지의 맑은 물에서 서식하는 토속 어종이지만, 하천의 서식 환경이 열악해지면서 개체수가 급감해 멸종위기 야생동물 2급으로 지정되어 있다.

멸종위기

다묵장어 *Lampetra reissneri*

일생 동안 민물에서만 사는 칠성장어

※다른 이름: 구리, 땅패기, 울리, 칠공쟁이, 칠성고기, 칠성뱀

- 영명: sand lamprey
- 분류: 칠성장어과
- 크기: 10~20cm
- 색깔: 짙은 푸른색
- 서식지: 제주도를 제외한 전국
- 산란기: 4~6월
- 식성: 육식성

몸길이가 20cm를 넘지 못한다. 칠성장어에 비하면 작은 종이다. 몸은 뱀장어처럼 생겼으며 가늘고 길다. 입은 빨판을 형성하고 위턱과 아래턱이 없으며, 눈은 작고 등 쪽에 붙어 있다. 다른 장어와는 달리 일생을 민물에서

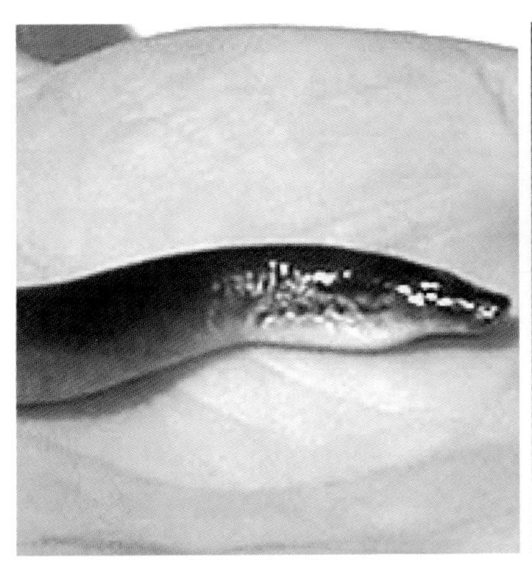

만 살며 저수지에서도 살지만, 작은 개울의 중류나 상류에서도 서식한다.

다묵장어는 칠성장어와 마찬가지로 어린 물고기로 부화하는 것이 아니라 아모코에테스(ammocoetes)라는 유생으로 부화를 한다. 유생인 아모코에테스의 아가미는 담홍색이고, 꼬리지느러미의 후반부는 밝은 황갈색이다. 알에서 부화한 아모코에테스는 강바닥의 모래 속에 묻혀 살면서 유기물을 걸러서 먹으며 지낸다. 유생으로 사는 기간은 3년 이상이고, 4년째의 가을부터 겨울 동안 변태를 거쳐 성어가 된다. 그러나 성어가 되면 전혀 먹질 않게 된

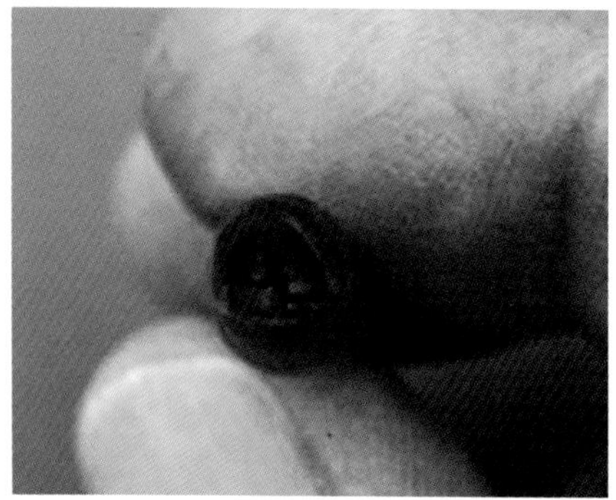

아모코에테스(ammocoetes)

다. 이듬해 4~6월쯤 산란기에 모래나 자갈이 깔린 강바닥에 웅덩이를 파고 알을 낳은 후 짧은 삶을 마감한다.

제주도를 제외한 남한의 전 지역과 일본, 사할린, 쿠릴 열도에 분포하며, 학술적으로 진귀한 종으로 하천이 오염되고 사는 곳이 변하면서 개체수가 줄어들고 있어 보호가 필요하다.

12 모래주사 Microphysogobio koreensis

멸종위기

산란의 비밀을 품은 물고기

※다른 이름: 돌마자, 됭경모치와 같은 종으로 착각해서 다른 이름이 없다

- 영명: 한국 고유종
- 분류: 잉어목 모래무지아과
- 크기: 8~10cm
- 색깔: 푸른 갈색
- 서식지: 낙동강, 섬진강
- 산란기: 밝혀지지 않음
- 식성: 잡식성

몸은 가늘고 길며 원통형에 가깝지만 옆으로 조금 납작하다. 몸의 형태와 색깔, 얼룩무늬가 돌마자나 됭경모치와 매우 흡사하다. 등 쪽으로 아주 작은 어두운 색 반점이 흩어져 있고, 뒷지느러미를 제외한 모든 지느러미는 작은 점들이

규칙적으로 배열되어 줄무늬를 이룬다. 물 흐름이 다소 빠르고 자갈과 모래가 많은 곳에서 살면서 부착조류를 주로 먹는다.

자세한 생태나 성장도에 관해서는 알려진 것이 거의 없지만, 초가을 맑은 하늘을 배경으로 헤엄치는 2~4cm의 어린 개체는 그 해에 태어난 것들이고, 10cm가 넘는 개체는 2,3년생으로 추정된다.

암컷 한 마리는 한번에 2,200여 개의 알을 낳는데, 수심 50~100㎝ 얕은 하천 바닥의 자갈 틈에서 열흘간 산란이 이뤄지며 수정란은 아주 작고 다른 종보다 부화 기간이 4배나 빠른 것으로 최근 밝혀졌다. 산란과 수정은 암

컷 한 마리에 수컷 여러 마리가 경쟁해서 이루어진다. 이때 수컷은 주홍색의 화려한 혼인색을 띤다.

아주 빠르며 스트레스에 민감한 한국 특산종으로서 간혹 식용하기도 하지만 별로 인기가 없다. 개체수가 현저히 줄어들어 멸종위기종 2급으로 지정되어 보호받고 있다.

13 꾸구리 *Gobiobotia macrocephala*

멸종위기

민물에 사는 고양이

※다른 이름: 구구리, 눈봉사, 돌나리, 소경돌날이, 돌낭아리, 돌라리

- 영명: 한국 고유종
- 분류: 잉어목 모래무지아과
- 크기: 6~10cm
- 색깔: 연한 갈색
- 서식지: 한강, 금강
- 산란기: 5~6월
- 식성: 육식성

몸길이가 6~10cm쯤 되는 개체는 흔하지만 13cm가 넘는 개체는 매우 드문 종이다. 머리 윗부분의 눈에는 개구리처럼 눈꺼풀이 있다. 이 눈꺼풀은 고양이처럼 빛의 세기에 따라 막을 조절할 수 있다. 머리는 위아래로 약간 납작하며 입에

있는 수염은 네 쌍으로 길고 하얗다. 보통 때는 다갈색이지만 산란기엔 암컷은 황색, 수컷은 진한 밤색을 띤다.

꾸구리는 다른 어종들에게는 볼 수 없는 특징을 지니고 있다. 머리 상단부에서 개구리눈처럼 부푼 눈꺼풀은 밝은 곳에서는 오므라들어 들어오는 빛을 적게 하고, 어두운 곳에서는 피막을 넓혀 빛을 모아주어 카메라의 조리개와

같은 역할을 한다. 게다가 사람에게 잡혀 물 밖으로 나와 눈이 부시면 피막을 닫아버린다. 봉사고기, 소경매자라는 명명은 꾸구리의 특징을 잘 파악한 별명이다.

강의 상류 중에서도 물이 맑고 바닥에 자갈이 깔려 있는 곳에서 살며, 조심성이 많고 경계심이 강해 적이 나타나면 재빨리 숨는다. 주로 숨어 있기를 좋아하고 밝은 곳에 나와 있기보다는 어둡고 외진 곳에 보금자리를 튼다. 다 큰 성어도 12cm 내외로 작은 물고기이며, 물 바닥에 붙어사는 어류라 헤엄도 그다지 빠르게 치지 않는다.

멸종위기

칠성장어 Lampetra japonica

물속의 흡혈귀

※다른 이름: 칠성고기, 칠성뱀장어, 칠성어

- 영명: arctic lamprey
- 분류: 칠성장어과
- 크기: 40~50cm
- 색깔: 푸른색을 띤 갈색
- 서식지: 동해안 하천, 낙동강
- 산란기: 5~6월
- 식성: 기생어종

몸은 가늘고 길며, 원통형이어서 뱀장어와 모양이 거의 같다. 머리 옆쪽에 7쌍의 아가미구멍이 있고, 빨판 모양의 입가에는 돌기가 있으며 이빨이 나 있다. 유생기에는 하천 중·하류에 살고 성체가 되면 바다에서 생활하다가 산란

기에 다시 하천으로 올라온다. 2~3급수에서 유생기를 보내며, 성체는 해수에서 성장한다.

몸의 옆면에 7쌍의 아가미구멍이 있다고 하여 이름 붙여진 칠성장어는 놀랍겠지만 모기나 거머리, 박쥐처럼 다른 생물의 피를 빨아먹고 사는 흡혈 물고기이다. 그러나 일생 동안 흡혈활동을 하는 것은 아니고, 수명 6~7년 중 흡혈활동을 하는 시기는 2~3년뿐이다.

갓 태어난 유생일 때에는 강물에서 돌바닥에 붙어 있는 조류나 유기물을 먹으며 약 4년 동안 생활하다가 유생 시기를 끝마치면 바다로 내려가 2~3년간의 흡혈활동을 시작한다. 바다에서 새로운 삶을 시작하게 된 칠성장어의 입천장과 혓바닥에는 '각질치'라 불리는 작은 이빨과 빨판

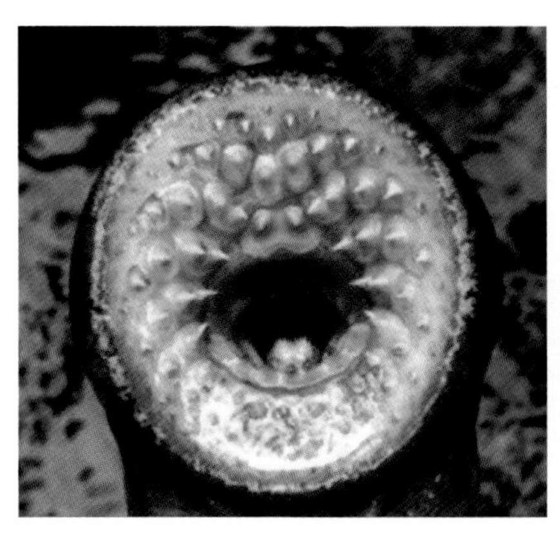

이 있어 이빨을 이용해 다른 물고기에 상처를 내고 찰싹 달라붙을 수 있다. 이렇게 바다에서 약 2~3년 동안 기생하며 산 후, 자신이 태어난 강으로 다시 거슬러 올라가서 알을 낳고 숨을 거둔다. 칠성장어는 연어와 같은 회귀성 어류인 셈이다.

멸종위기

15 가시고기 Pungitius sinensis

지구상에서 가장 강력한 부성애

※다른 이름: 까시고기, 까시붕어, 까치, 침쟁이, 침피래미, 칭고기

- 영명: Chinese ninespine stickleback
- 분류: 큰가시고기과
- 크기: 5~6cm
- 색깔: 암갈색의 금속광택
- 서식지: 강원도, 제천, 경북
- 산란기: 5~6월
- 식성: 육식성

몸은 날렵한 방추형으로 납작하고 꼬리자루가 가늘다. 아래턱이 위턱보다 길며 날카로운 이빨이 있다. 5~6월이 되면 수컷이 모래나 물풀이 있는 곳에 둥지를 만들어 암

컷을 유인한다. 암컷이 알을 낳으면 부화해서 2~3cm 자랄 때까지 새끼들을 보살피고 지킨다. 다른 생물과는 다른 독특한 부성애로 더욱 유명해진 민물고기이다.

산란이 한창인 5월 말, 물풀과 수초가 풍부한 하천의 얕은 곳에서 가시고기 수컷은 주둥이로 바닥의 모래를 퍼내 구덩이를 만든 후, 갈대가닥을 물어 와 집짓기 공사를 시작한다. 둥지를 완성한 후 이미 대기하고 있던 암컷을 둥지로 인도해 산란에 들어간다. 그러고는 암컷의 산란이 끝나자마자 곧바로 방정을 해 수정시킨다. 보통 부화와 양육은 암컷의 몫이지만 가시고기의 경우는 정반대다. 암컷은 산란 후 곧바로 둥지를 떠난다. 약 300여 개의 알을 산란한 암컷은 기운이 없어 아무런 먹이활동도 하지 않고 물살에 떠밀려 바다 쪽으로 흘러가 사라진다.

바로 그 순간부터, 수컷은 먹이사냥마저 중단한 채 단 한 순간도 둥지 곁을 벗어나지 않는다. 수컷의 힘겨운 싸움이 시작되는 것이다. 다른 종들의 침입도 침입이지만, 놀랍게도 새끼들은 스스로 부화하질 못한다. 새끼들이 알집에서 빠져나오게 하기 위해 수컷은 부지런히 주둥이로 둥지를 찌른다. 부화는 만 이틀 동안 이어진다. 도처의 적들의 공격을 막아내며 사력을 다해 새끼를 돌보는 동안 수컷의 몸빛은 퇴색되고 활동력도 점점 약해진다. 부화시키고 난 5일 후 수컷은 서서히 죽어간다. 약 15일간 아무것도 먹지 않은 수컷은 최후의 순간 마지막 남은 힘으로 새끼들에게 자신의 육신을 먹이로 내놓는다. 그렇게 가시고기 수컷은 새로운 생명을 세상에 탄생시키기 위해 자신의 생명을 내놓는 것이다.

16

황복 Takifugu obscurus

멸종위기

서시의 유방

※다른 이름: 강복어, 누렁태, 누룽태, 복장이, 복쟁이, 복징이

- 영명: river puffer
- 분류: 참복과
- 크기: 20~25cm
- 색깔: 회갈색
- 서식지: 한강, 금강, 임진강
- 산란기: 4~5월
- 식성: 육식성

몸은 원통형에 길게 생겼다. 머리의 앞쪽 끝은 둔하고 둥글며, 옆구리에서 꼬리지느러미까지 노란색 줄이 나 있다. 주둥이는 둥글고 둔하나 위턱과 아래턱에 2개씩 서로 붙은 앞니가 있다. 맛이 좋아서 인기가 많지만, 임진강에 살고 있

는 황복은 특별보호어종이어서 함부로 잡으면 안 된다.

중국에서는 수컷 복어의 뱃속에 있는 하얀 이리를 서시의 젖에 비유하여 서시유(西施乳)라 하며 절미(絕味)로 쳤다. 이 유래는 춘추전국시대 때 오왕 부차가 서시의 경국지색과 색향에 빠져 결국 오나라가 망하고 마는 고사에서 비롯된 것으로, 복어 이리와 같이 천하일품의 맛을 지니고 있는 것에는 항상 함정이 있다는 교훈을 주는 말이다.

송나라 시인 소동파는 일찍이 '죽음과도 바꿀 만한 가치가 있는 맛'이라고 극찬했고, 일본에서는 복어를 먹지 않는 놈에게는 후지산을 보여주지 말라고까지 했다.

허준도 동의보감에서 한술 거든다.

"하돈(河豚)은 성질이 따뜻하고 맛이 달며 독이 있다. 허한 것을 보하고 습한 기운을 없애며 허리와 다리의 병을 치료하고 치질을 낫게 한다."

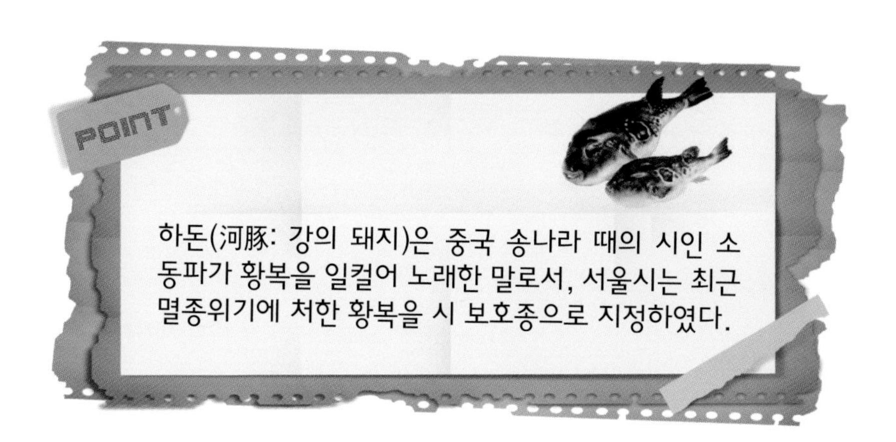

하돈(河豚: 강의 돼지)은 중국 송나라 때의 시인 소동파가 황복을 일컬어 노래한 말로서, 서울시는 최근 멸종위기에 처한 황복을 시 보호종으로 지정하였다.

멸종위기

꺽정이 Trachidermus fasciatus

임꺽정도 울고 갈 물속의 임꺽정

※다른 이름: 꺽쟁이, 꺽정이, 꺽징이, 쭈쟁이

- 영명: rough skin sculpin
- 분류: 쏨뱅이목 둑중개과
- 크기: 10~17cm
- 색깔: 회갈색
- 서식지: 낙동강 상류
- 산란기: 2~3월
- 식성: 육식성

몸은 길고 앞쪽이 굵지만 뒤쪽으로 가면서 가늘고 옆으로 납작해진다. 머리와 입이 크고 입 구석은 눈의 뒤쪽 끝 부분의 밑에 닿는다. 아래턱이 위턱보다 조금 짧다. 어려서는 동물성 플랑크톤을, 성어가 되어서는 작은 갑각류

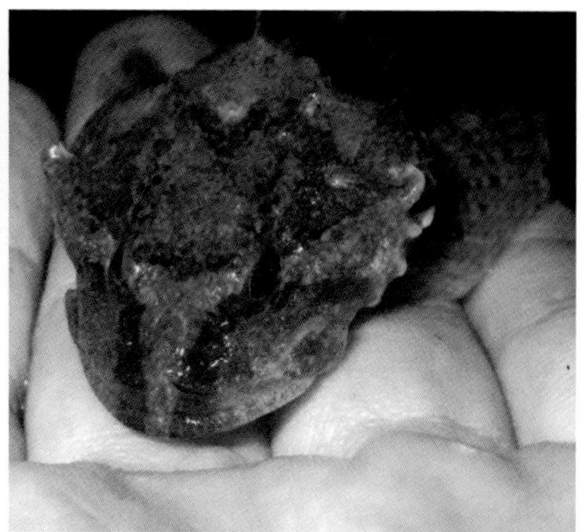

를 잡아먹는다. 주로 3급수에서 서식하며 산란기인 2,3월에 하구나 간석지의 조개껍데기에 알을 낳는다.

첫인상은 매우 험악하다. 아마 구월산의 도적 임꺽정이 이렇지 않았을까. 거친 수염이 우락부락한 얼굴 주변 여기저기에 나 있는 모습 그대로다.

하지만 조개껍데기에 암컷이 알을 낳으면 수컷은 일정한 크기만큼 새끼들이 자랄 때까지 돌본다. 사람이든 물고기든 생김새는 본성과는 다른 모양이다.

어린 새끼 때는 조수가 드나드는 강의 하류 지역에서 살고, 성어가 되면 바닥에 자갈이나 모래가 깔린 강의 중류에서 단독 생활을 한다.

동의보감에는 꺽정이를 이렇게 묘사해 놓았다.

'성질이 평안하고 맛이 좋으며 약간 독성이 있다. 오장을 보하고 장과 위를 화평케 하며 근육과 골격을 이롭게 한다. 회를 쳐서 먹으면 맛이 아주 좋다.'

현재 서울시 지정 보호종으로 보호받고 있다.

-물고기의 서식환경

민물고기가 서식하는 물속 환경은 물길의 경사, 유속, 수심, 바닥의 상태, 수생식물과 먹이생물의 풍부성, 수질과 염분 등의 정도에 따라 구분되기도 하지만 흔히 강의 상류, 중류, 하류 그리고 댐 호와 저수지 및 실개천으로 나누기도 한다.

계류

강의 상류가 시작되는 계류는 경사가 심하여 물살이 매우 빠르고, 물길이 자주 굽어지면서 여울과 웅덩이가 반복된다. 버들치, 버들개, 금강모치, 퉁가리, 자가사리, 열목어, 둑중개, 미유기 등이 산다.

상류

계류에 이어져 경사가 비교적 완만한 상류는 물길이 S 자 모양으로 굽어지면서 깊은 웅덩이, 그리고 큰 돌과 자갈바닥으로 이루어진 여울이 길게 나타난다.

쉬리, 어름치, 꺽지, 쏘가리, 배가사리, 종개, 새코미꾸리, 꼬치동자개, 돌상어, 꾸구리, 감돌고기, 눈동자개 등이 산다.

중류

하천의 유폭이 넓어지고 유량이 많은 수역으로 작은 자

갈이 많이 깔린 여울, 그리고 모래와 진흙이 섞인 깊고 넓은 웅덩이가 천천히 흐르는 물로 이어진다.

피라미와 갈겨니를 비롯하여 붕어, 참마자, 모래무지, 돌고기, 돌마자, 끄리, 납자루, 참종개, 기름종개, 동자개, 동사리, 밀어, 각시붕어, 납자루, 줄납자루 등이 산다.

하류

강폭이 넓어지고 굴곡이 없이 반듯하게 흐르는 동안 물 흐름이 약간 빨라지면서 바다로 이어지기 때문에 해수의 영향을 직접 혹은 간접으로 받고 물 투명도도 낮다.

붕어, 잉어, 가물치, 끄리, 참붕어, 송사리, 미꾸리, 버들붕어 등과, 연안에서 주로 생활하는 숭어, 농어, 큰가시고기, 황어, 웅어 등이 서식한다.

CHAPTER 5

한국의 토종 민물고기

01

고유어종

왜매치 *Abbottina springeri*

말발굽 모양의 주둥이

❀다른 이름: 곱고리, 댕이, 돌매자, 돌모라지, 돌모래미

- 영명: Korean dwarf gudgeon
- 분류: 잉어목 모래무지아과
- 크기: 6~8cm
- 색깔: 갈색
- 서식지: 서 · 남해안의 하천
- 산란기: 5~6월
- 식성: 잡식성

모래나 펄이 깔려 있고, 물살이 잔잔히 흐르는 여울의 바닥에서 떼 지어 서식한다. 자연에서 부착 조류와 수서곤충을 먹고 살기 때문에 모래주사나 돌마자, 배가사리 등과 마찬가지로 어항에서 사육하기가

매우 어렵다. 봄기운이 완연한 5~6월이 산란기로 산란은 만 2년생부터 시작하며, 서·남해안의 대부분 하천에 분포하는 한국 고유종이다.

같은 모래무지아과에 속하는 돌마자, 버들매치와 생김새가 매우 흡사하기 때문에 자연에서 채집할 경우, 서식환경에 따라 구분하면 제법 쉬워진다.

물살이 빠르고 자갈이 있는 서식장소는 돌마자, 물살이 완만하고 모래가 있는 곳은 왜매치, 물살이 느리고 바닥에 개펄이 있는 곳에서 버들매치가 서로간의 경쟁을 피하며 살아간다.

우리나라에서만 살고 있는 고유종으로, 6~8㎝인 개체

는 쉬 잡히지만 10㎝가 넘는 것은 보기 어렵다. 몸은 가늘고 길며 돌마자에 비하여 머리와 주둥이는 모두 짧은 편이다.

산란행동과 생태적인 특징은 밝혀진 것이 거의 없다. 누군가 밝힐 수만 있다면 전 세계에서 처음 발견하는 것이기 때문에 큰 의미가 있는 일이 된다.

식용으로도 사용하지만 좋은 평을 받지는 못하며, 요즘에는 관상어로서 비교적 인기가 좋다.

02 배가사리 Microphysogobio longidorsalis

고유어종

출현빈도 1%의 보기 힘든 얼굴

※다른 이름: 돌고지, 돌노구, 돌놀이, 돌뚝지, 똥싸개, 바소, 써개비

- 영명: 한국 고유종
- 분류: 잉어목 모래무지아과
- 크기: 8~12cm
- 색깔: 청갈색
- 서식지: 한강, 금강, 대동강
- 산란기: 6~7월
- 식성: 잡식성

물이 맑고 바닥에 자갈이 깔려 있는 하천에서 살며, 바닥 가까이에서 먹이를 찾는다. 찬 바람이 부는 겨울 무렵과 알을 낳을 무렵에 큰 떼를 형성해 움직인다. 잡식성이지만 돌에 붙은 미생물을 주식으로 하며, 물속에 사는 수서곤충들도

잡아먹는다. 깨끗한 곳을 좋아하여 1급수에서만 서식한다.

한강, 금강 및 대동강에서만 볼 수 있는 한국 고유종이다.

어느 지역에서는 산란기 때 큰 집단을 이루기도 한다지

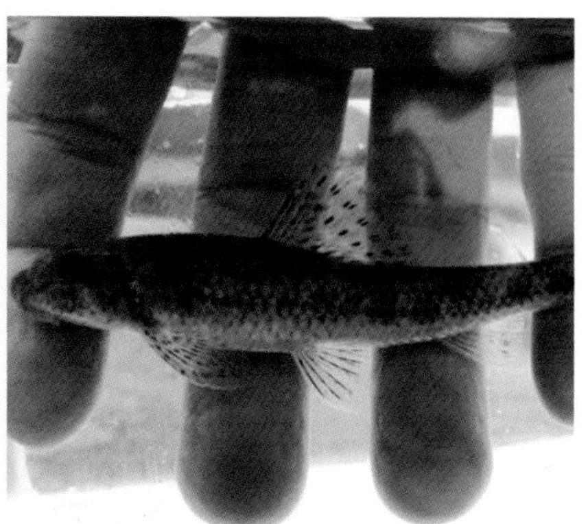

만 평상시 보기 힘든 녀석이다. 더구나 금강에 사는 개체는 멸종 직전이고 다른 곳에서도 멸종될 가능성이 높다. 산란 시기는 대략 6,7월로 추정되며, 10cm가 넘게 자라는 것으로 알려져 있지만, 자세한 생태는 아직 밝혀진 것이 없다.

03

고유어종

몰개 Squalidus japonicus coreanus

포식자를 만나면 물불을 안 가린다

※다른 이름: 밀피리, 보리피리, 쌀고기, 왕눈이

- 영명: short barbel gudgeon
- 분류: 잉어과
- 크기: 8~12cm
- 색깔: 연한 갈색
- 서식지: 한강, 금강, 동진강
- 산란기: 6~8월 추정
- 식성: 잡식성

몸길이는 8cm로서 그다지 긴 편은 아니지만 체고는 제법 높다. 수염의 길이가 눈의 동공 직경보다 작다. 꼬리지느러미의 뒤쪽 가장자리 중앙은 안쪽으로 파였고, 측선의 앞부분이 아래쪽으로 약간 굽어 있다. 유

속이 느린 하천이나 저수지에서 무리지어 살면서 재빠르게 움직인다. 잡식성이고 수질오염에 비교적 내성이 강한 어종이다.

아주 작은 체형을 가지고 있으며 몇 마리씩 무리를 이루어 헤엄쳐 다니다가 큰 물고기가 영역을 침범하면 일제

히 달려들어 물불을 안 가리고 공격한다. 노련한 낚시꾼들은 이놈들이 나타나면 자리를 뜬다. 온종일 입질은 하지만 바늘보다 입이 작아서 잘 낚이지 않기 때문이다.

산란기인 6~8월이 지나면 찬바람이 부는 초가을 무렵에 치어가 나타난다. 한국의 고유 어종으로 몰개류가 다 그렇듯이 긴몰개나 참몰개와 마찬가지로 맛이 좋아 식용으로 환영받을 뿐만 아니라 요즘에는 관상어로도 인기가 매우 높다.

04

고유어종

동사리 Odontobutis platycephala

꾸국꾸국 우는 물속의 난폭자

※다른 이름: 개뚝지, 개미고기, 구구락지, 구구리, 구굴모치

- 영명: Korean dark sleeper
- 분류: 농어목 동사리과
- 크기: 10~15cm
- 색깔: 짙은 갈색
- 서식지: 전국
- 산란기: 초여름 무렵
- 식성: 육식성

일반적으로 10~15cm 정도지만 가끔 20cm가 넘는 것들도 발견된다. 몸은 길고 원통형으로 뒤쪽은 옆으로 납작하다. 입이 비교적 크고 아래턱이 위턱보다 길며, 두 턱에는 날카로운 이가 나 있다. 하천의 중·상류의

2급수에 주로 살며, 모래 바닥에 몸을 반쯤 묻고 있는 것을 흔히 볼 수 있다. 알을 낳을 무렵이 아닌 때에도 텃세를 한다. 일정 공간을 독차지하고 다른 무리들이 침입하기만 하면 쫓아낸다.

알을 지키며 '꾸국꾸국' 하는 소리를 낸다고 해서 '꾸구리'라고도 부른다. 동사리가 물속의 폭군이라고 불리는 이유는 끝없는 식탐과 포악성 때문인데, 어린 동사리라 할지라도 이빨이 무척 날카로우므로 동사리를 다룰 때는 물리지 않도록 주의해야 한다.

동사리는 다른 물고기와는 달리 알을 많이 낳지 않는다. 연어 같은 경우 알을 낳고 바로 죽기 때문에 알을 지킬 수가 없어서 수천 개씩 낳지만, 동사리는 아비가 끝까

지 곁에서 새끼들을 지키기에 많이 낳을 필요가 없다. 알이 많으면 일일이 신경을 쓰지 못하기에 오히려 생존률이 낮아진다.

험상궂은 생김새 때문에 관상어로 환영은 못 받지만, 외모와는 달리 담백하고 얼큰한 맛이 있는 물고기로 알려져 있다.

05

고유어종

돌마자 Microphysogobio yaluensis

돌 맞아야 할 인간들 때문에 고달파요

※다른 이름: 곱소리, 돌모래무지, 쓴쟁이, 압록돌붙이, 하늘고기

- 분류: 잉어목 모래무지아과
- 크기: 5~8cm
- 색깔: 담청갈색
- 서식지: 서 · 남해의 각 하천
- 산란기: 5~7월
- 식성: 잡식성

몸이 길고 원통형에 가깝지만 옆에서 보면 제법 납작하고, 몸통의 배 쪽이 평평해서 바닥에 붙을 수 있다. 입은 밑에서 보면 말굽 모양인데 비교적 넓다. 모래주사와 비슷한 습성으로 같은 곳에서 함께 사는 경우가 많다. 맑은 물이 조용히 흐르고 바

닥에 모래가 깔려 있는 곳에서 바닥 가까운 곳을 헤엄치면서 가끔 먹이를 찾는다.

우리나라에는 비슷한 모양을 한 물고기가 많이도 자생하고 있다. 그 중에서도 모래무지아과에 속해 있는 어종들은 전문가도 쉽게 구분할 수 없을 정도로 모양이 닮은 것들이 많이 있다.

냇가에서 돌을 던지면 그 돌에 맞아 죽을 정도로 흔하다고 '돌마자'라는 이름이 붙여진 돌마자는 우리나라 거의 전국적 수역에 골고루 분포하며, 모래무지와 매우 닮아 대부분의 사람들이 그 새끼로 잘못 알고 있다. 그래서 잡히면 맛이 좋다는 모래무지에 휩쓸려 같은 신세가 되고 만다. 2급수 이상의 수질이 되어야 살 수 있는 모래무지

와 사는 곳이 중복되는 경우도 많지만 모래무지보다는 수심이 얕고 양지바른 여울에 떼를 지어 산다. 또한 모래무지는 모래톱이 잘 발달된 곳에서만 주로 서식하지만 돌마자는 모래톱뿐만 아니라 입자가 굵은 자갈, 큰 돌 틈에서도 잘 적응하여 살고 물 흐름이 빠른 곳에서도 서식하고 있다.

돌마자는 세계에서 우리나라에만 서식하는 물고기 즉, 한국특산어종이다. 물 좋은 곳에 놀러 와 투망이나 족대로 수백 마리씩 잡아 매운탕을 끓이는 사람들은 분명 머리에 돌 맞아야 할 자연파괴자들이다.

06

고유어종

가시납지리 Acanthorhodeus gracilis

열대어보다 눈부신 혼인색

※다른 이름: 꽃납지래기, 꽃붕어, 납세미, 납조라기, 납재기

- 영명: Korean spined bitterling
- 분류: 잉어목 납줄개아과
- 크기: 8~10cm
- 색깔: 푸른 갈색
- 서식지: 서 · 남해의 각 하천
- 산란기: 5~6월
- 식성: 잡식성으로 추측

강의 하류지역, 특히 물이 혼탁하지만 조개가 많은 곳에서 주로 발견되는데, 이는 이들이 조개에 알을 낳는 특이한 습성을 가졌기 때문이다. 생존력이 강할 뿐만 아니라, 산란기 때에는 혼인색도 아

주 아름답게 나오기 때문에 관상어로서 매우 인기를 끄는 어종이다. 몸길이가 8~10cm인 것은 보통 볼 수 있고, 10cm 이상 되는 것도 드물지 않으며, 납줄개아과 중에서 중형에 속한다.

몸 중앙에 가시가 있는 것같이 가느다란 청록색 선이 있어 가시납지리라 불리는 이 물고기는 동해안을 제외한 서해와 남해의 각 수계에 고루 서식한다. 주로 3급수 하천의 중 · 하류나 저수지의 물 흐름이 완만하고 수초가 우거진 곳을 좋아하며, 물풀이나 돌에 붙은 조류를 뜯어먹거나 수서곤충의 유충을 잡아먹기도 한다.

최근 납줄개아과의 물고기들은 열대어처럼 관상어로 각광받고 있는데, 이는 다른 어종과는 달리 번식기가 지난 뒤에도 화려한 혼인색을 그대로 간직하기 때문이다. 수컷의 평상시 몸 색깔은 등 쪽이 담청색, 몸통 부분은 은

백색이지만, 번식기의 수컷은 더없이 화려해진다. 우선 눈, 아가미, 모든 지느러미, 배 부분이 분홍색으로 물든다. 이와 동시에 등의 반점과 꼬리에서 몸 중앙으로 새겨진 가는 띠의 청록색은 더욱 선명해져, 마치 오색 물감으로 수놓인 한 폭의 수채화를 연상시킨다. 색상은 곱지만 쉽게 질리는 열대어와는 또 다른 묘미를 준다.

07

고유어종

줄납자루 *Acheilognathus yamatsutae*

납자루계의 얼짱

❀다른 이름: 납줄갱이, 납지랭이, 넓적붕어, 꽃붕어, 납조리

- 영명: Korean striped bitterling
- 분류: 잉어목 납자루아과
- 크기: 6~15cm
- 색깔: 암갈색
- 서식지: 섬진강을 제외한 각 하천
- 산란기: 4~7월
- 식성: 잡식성

몸은 유선형으로 매우 납작하다. 머리는 크지 않고 입은 작다. 입가에 한 쌍의 수염이 있다. 몸길이는 암컷 12cm, 수컷 16cm 정도이지만, 몸높이나 등, 뒷지느러미는 모두 암컷이 길다. 등은 암갈색

이고 배는 희다. 수초가 우거진 하천의 비교적 깊은 곳에서 살며, 산란기는 4~6월로 납자루 류가 그렇듯이 조개의 몸 안에 산란을 한다.

줄납자루는 서로 흩어져 지내다가 산란의 성기인 5월이 되면 조개를 중심으로 하나 둘씩 모인다. 이들이 선호하는 조개는 말조개, 작은 말조개, 두드럭조개 순이다. 암컷은 항문 뒤에서 회색의 산란관을 늘어뜨리고, 수컷은 조개를 맡기 위해서 치열한 세력권 싸움도 불사한다. 어느 정도 시간이 흘러 주변이 정리되면, 조개의 촉수구멍에 암컷이 산란관을 늘여 방란을 시작하고, 그 위에 수컷이 방정을 한다. 암컷은 보통 4번에서 6번에 걸쳐 한 번에 10~60여 개의 알을 낳는다. 수컷은 산란 후 조개를 떠

나지 않고 다른 수컷이 접근하지 못하도록 계속 경계하며 주위를 부산하게 순찰한다. 혼인색을 띤 수컷의 푸른 띠가 햇살을 받게 되면 더욱 빛을 발한다. 관상어로 그만이다.

고유어종

수수미꾸리 Niwaella multifasciata

낙동강 최후의 보루

※다른 이름: 기름도다기, 자갈미꾸리, 수수걱지, 얼룩미꾸라지

- 분류: 미꾸리과
- 크기: 10~13cm
- 색깔: 담황색
- 서식지: 낙동강 수계
- 산란기: 11~1월
- 식성: 잡식성

몸은 가늘고 길며 납작하다. 담황색 바탕에 짙은 흑갈색의 작은 점이 한눈에도 아름다워 보인다. 옆줄은 옆구리의 중앙을 곧게 지나며, 입 가장자리에 4쌍의 수염이 있고, 등지느러미와 배지느러미가 몸 중앙보다 훨씬 뒤쪽에 있다. 맑은 물의 자갈바닥에 살며 산란기는 5~6월이다. 한국

특산종으로 낙동강 수계에서만 서식한다.

돌 밑에 잘 숨고 머리만 밖으로 내놓는 수수미꾸리의 습성으로 보아 원래의 고향은 바닥에 자갈이 깔린 곳이었을 것이다. 현재도 1급수나 2급수가 흐르는 깨끗한 여울에서만 산다. 수질변화에 아주 민감해서 하천이 조금만 오염돼도 다른 서식처를 찾아 이동을 하는데, 수수미꾸리가 살고 있는 하천은 오염이 되지 않은 깨끗한 하천이라고 생각하면 된다.

수수미꾸리는 머리 부분에 곡식인 수수와 비슷하게 생긴 작은 반점이 있어 이런 이름이 붙여졌다. 수수미꾸리의 예쁜 무늬는 그 생김새가 미꾸리들 중에서도 가장 아름답다.

수수미꾸리는 또한 특이한 습성을 지니고 있는데, 보통 민물고기들이 매년 4~6월에 산란을 하는 반면 수수미꾸리는 한겨울 동안에 산란을 한다. 다른 물고기들이 월동을 하고 있을 때를 이용해 천적을 피하고 치어들도 먹이 경쟁을 최소화할 수 있으니 매우 좋은 생태를 타고났다고 할 수 있겠다.

09 새코미꾸리 *Koreocobitis rotundicauda*

고유어종

루돌프 사슴은 빨간 코, 나는 하얀 코

※다른 이름: 말미꾸라지, 하늘미꾸라지, 호랑이미꾸라지, 수수종개

- 영명: white nose loach
- 분류: 미꾸리과
- 크기: 12~16cm
- 색깔: 노랑바탕에 검은 반점
- 서식지: 한강, 임진강, 삼척
- 산란기: 5~6월
- 식성: 잡식성

몸통은 머리와 함께 옆으로 납작하고 머리에는 비늘이 없다. 입에 난 수염은 네 쌍이며 가장 긴 것은 눈의 두세 배가 넘는다. 눈앞으로 특이하게 끝이 둘로 갈라진 데다 세울 수 있는 가시가 있다. 몸의 바탕은 짙은 노란색이지만

등 쪽으로 머리와 몸통이 다 같이 짙은 갈색이고, 얼룩덜룩한 구름모양의 예쁜 무늬를 가지고 있다.

미꾸라지는 탁한 물에서 살지만 새코미꾸리는 유속이 빠른 하천 중상류, 그 중에서도 한강, 낙동강 수계에서만 출현한다. 정면에서 봤을 때 띠와 무늬, 그리고 수염이 미꾸라지와는 다르게 생겼다. 주둥이의 끝에서부터 꼬리의 끝에 이르기까지 폭이 넓은 흰 띠가 있다. 새코미꾸리라는 말은 이것에서 유래한 것으로서 새코는 하얀 코라는 뜻이다. 미꾸리과 중에서도 대형에 속하여 다 자라면 한 뼘 가까이 될 정도로 크다. 노란색 바탕에 크고 작은 검은색 점들이 있는데, 꼬리의 불규칙적인 점무늬는 특히 멋스럽다.

강바닥에 붙어사는 물고기이니, 강바닥을 파 엎으면 당연히 살 수가 없다. 예전엔 금호강 중류, 경북 안동에서도 대량으로 서식하고 있었다는데 지금은 거의 찾아볼 수가 없다. 산란기는 5~6월로 추정되나 생활사는 알려진 것이 없다. 한국 고유종이다.

10

고유어종

부안종개 Iksookimia pumila

변산반도에만 서식하는 물속의 호랑이

❀다른 이름: 기름쟁이, 양시라지, 호랑이미꾸라지

- 영명: Puan spine loach
- 분류: 미꾸리과
- 크기: 6~7cm
- 색깔: 엷은 노란색
- 서식지: 부안, 변산의 백천
- 산란기: 5월
- 식성: 잡식성

10cm가 넘는 다른 종개들과는 달리 8cm 이상의 개체는 발견되지 않는다. 몸의 모양은 길고 옆으로 납작하며, 비늘은 작다. 입수염은 3쌍으로, 수컷이 암컷보다 작다. 머리의 옆면에는 암갈색 반점이 흩어져 있다. 물이 맑은 하

천의 중상류에 서식하는데, 어린 것들은 모래바닥인 곳을 선호하지만, 다 자란 개체들은 자갈바닥인 곳을 선호한다.

노랑 바탕에 짙은 갈색의 세로줄이 불규칙하게 흩어져 있다. 마치 정글 속을 자유자재로 드나드는 호랑이의 무늬를 보는 것 같은 착각이 든다. 부안종개는 이름에서 알 수 있듯이 부안군 변산반도를 흐르는 백천에만 서식하고 있는 한국 고유종이다. 유속이 완만하고 수심이 얕은, 차고 맑은 2급수 이상의 하천에 서식하며, 수서곤충과 부착조류를 먹고 사는 잡식성 어류이다. 대부분의 어류는 물가에서 이리저리 노닐다가도 사람의 기척이 느껴지면 다른 곳으로 피하지만, 부안종개는 사람이 다가가도 전혀

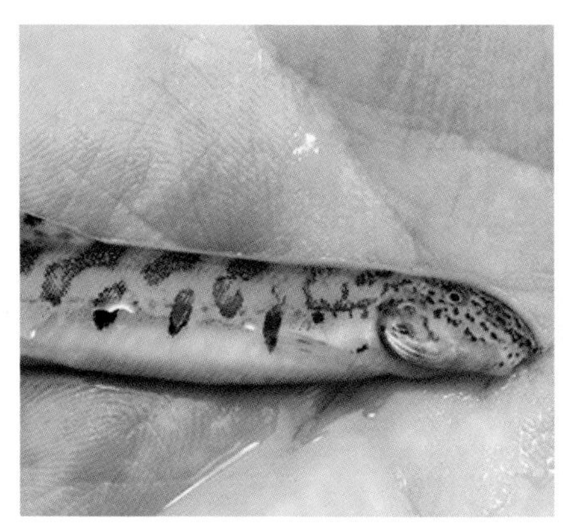

개의치 않고 한가하게 바위에 붙어서 꼼짝하지 않는다. 그래서 다른 어류들보다는 비교적 관찰이 용이하다.

대부분의 어류가 일제강점시기 일본인에 의해 조사되고 명명된 데 반해, 부안종개는 우리나라의 어류학자가 세계 최초로 발견하여 학명을 부여했다는 데에도 큰 의미가 있다. 1984년 처음으로 신종으로 보고된 이래 부안 댐을 지으면서 서식지가 사라져 개체수가 급격히 줄어들었다. 세계의 어느 곳에서도 찾아볼 수 없는 귀중한 종이기 때문에 사라지면 유전자를 찾을 수가 없어서 멸종될 위험이 높아 보호대상종으로 지정해 놓았다.

11

고유어종

눈동자개 Pseudobagrus koreanus

천혜의 자원, 최고의 어죽 재료

※다른 이름: 개채꺼뱅이, 당자기, 동자가사리, 명태짜재, 밀빠가

- 영명: black bullhead
- 분류: 메기목 동자개과
- 크기: 10~20cm
- 색깔: 회갈색
- 서식지: 한강, 금강, 만경강
- 산란기: 5~6월
- 식성: 육식성

몸의 길이가 10~20cm에 이르는 개체는 흔히 볼 수 있지만 30cm가 넘는 개체는 보기 드물다. 위턱보다 아래턱이 짧다. 모든 턱에 이빨이 나 있고 입수염은 네 쌍이며, 위턱에 달린 가장 긴 입수염은 가슴지느러미까지 닿는다. 눈은 큰 편

으로 머리의 양쪽 옆면 중앙부보다 앞에 있고 등 쪽에 붙는데, 얇은 피막으로 덮여 있다.

바닥에 모래나 자갈 또는 진흙이 깔려 있는 2급수 하천에서 살지만 때로는 3급수에서도 발견되기도 한다. 육식성으로서 어린 물고기를 비롯하여 물속에 사는 곤충, 그 밖의 작은 동물들을 잡아먹는다. 알을 낳는 시기는 5~6월로 추정되며 여러 마리가 떼를 지어 한 곳에 모여들어 바닥에 굴을 뚫고 그 속에 알을 낳는다. 중요한 식용어로 전북 무주 등에서 최고의 어죽 재료로 이용하고 있어 지역 주민들이 선호하는 어종이나, 남획으로 인해 자원량이 급격히 줄어들고 있는 실정이다.

반딧불이의 고장, 행정구역상 전라도에 속하지만 충청

남북도와 경상남북도 4개 도에 둘러싸인 무주. 이곳의 향토음식인 어죽에는 오직 청정지역에서 잡은 민물고기만을 사용한다. 그 중에서도 제일로 치는 것이 동자개. 무주 어죽은 한 술만 떠도 얼큰하고 칼칼하면서도 시원한 감칠맛이 도는가 하면, 구수한 뒷맛이 입안을 은은하게 하는데 비결은 따로 없다. 바로 눈동자개를 썼기 때문이다. 다른 민물고기를 사용했을 때는 느낄 수 없는 기막힌 맛이다.

참종개 Iksookimia koreensis

고유어종

비오는 날의 수채화

※다른 이름: 기름미꾸라지, 기름쟁이, 기름종개, 기름종아리

- 영명: Korean spine loach
- 분류: 미꾸리과
- 크기: 7~10cm
- 색깔: 연노랑에 갈색
- 서식지: 서해의 여러 하천
- 산란기: 6~7월
- 식성: 잡식성

머리와 몸통이 가늘면서 길고 옆으로 납작하다. 주둥이는 길지만 끝이 뾰족하며, 세 쌍의 수염은 짧은 편이다. 가슴지느러미는 암수가 서로 다른데, 암컷은 끝이 둥글지만 수컷은 끝이 뾰족하고 더 길다. 등과 꼬리지

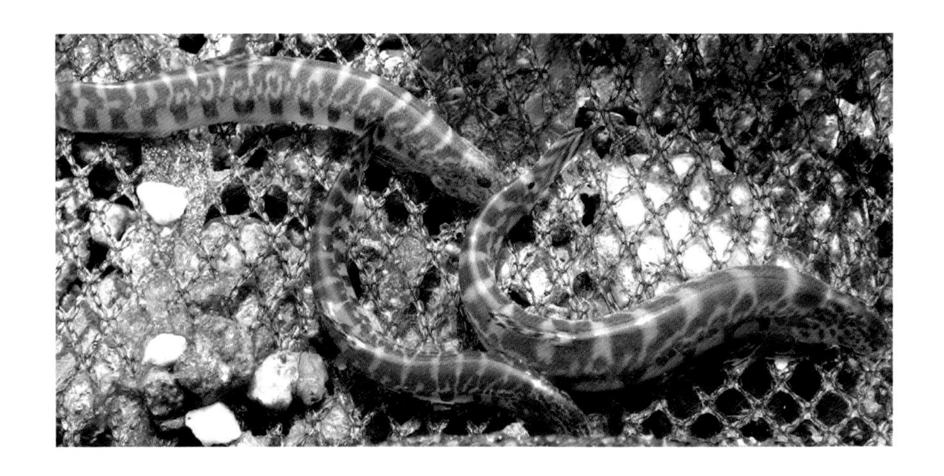

느러미에는 두세 줄의 짙은 갈색 줄무늬가 있으며, 꼬리 위에는 작고 까만 점이 뚜렷하게 박혀 있다.

물이 맑고 여울져 잘 흐르는 곳에 떼를 지어 노니면서 수서곤충이나 돌에 붙은 이끼류 등을 먹고 산다. 다 자라도 12cm를 넘는 것을 발견하기 힘든 소형어종이다. 미꾸라지와 아주 비슷한 모습을 하고 있지만 통통하면서도 약간 납작하게 생겼다. 주둥이에 나 있는 3쌍의 수염으로 먹이활동과 장애물을 감지하고 신속하게 천적으로부터 몸을 숨긴다. 이 수염의 역할은 물 바닥을 기고 사는 물고기들에게는 매우 중요한 것으로서, 만일 이것이 손상되면 생존의 커다란 위협요소가 될 수 있다. 물속에서 맨손으로 잡을 때 따끔함을 느끼곤 하는데, 이는 눈 밑에 나 있

는 짧은 가시 때문이다. 다행히 퉁가리 류와 달리 독이 없으니 안심해도 된다.

비오는 날 물속에서 춤을 추며 수면을 차오르는 것을 종종 보노라면 한 폭의 수채화를 감상하는 기분이 든다. 어쩌면 이 물고기는 일기를 감지하는 능력을 가진 것은 아닌지 궁금증이 한껏 증폭된다.

13

고유어종

중고기 Sarcocheilichthys nigripinnis morii

단원 김홍도의 필묵을 닮은 여유로움

※다른 이름: 기름치, 꼬깨미, 중태미, 돌챙이, 쇠피리, 줄피리

- 영명: Korean oily shiner
- 분류: 잉어과
- 크기: 10~15cm
- 색깔: 짙은 녹갈색
- 서식지: 서남해의 각 하천
- 산란기: 5~6월
- 식성: 잡식성

몸의 길이가 10cm 안팎의 개체들은 흔히 볼 수 있지만 15cm 이상의 것은 매우 드물다. 피라미와 비슷하여 머리에서 꼬리까지 옆으로 납작하다. 입은 주둥이의 밑에 있고 말굽 모양이며, 입수염이 한 쌍 있으나 미세해서 보기

힘들다. 유속이 완만한 강에서 살며 바닥 가까운 곳을 헤엄친다. 산란을 맞으면 수컷은 분홍빛으로 물든다.

잔잔한 물결이 출렁이는 강가에서 중고기 떼가 유유히 헤엄친다. 그림자, 사람의 발소리에도 민감하게 반응하여 돌 틈에 숨어서 슬며시 내다보는 커다란 눈망울은 수줍음 많은 어린아이가 부모의 다리 뒤에 숨는 그것과 참 많이도

닮았다. 삶의 진한 여유로움을 느끼게 해주는 눈빛이다.

서유구가 난호어목지와 전어지를 통해 표현한 것처럼 '비늘이 없고 기름기가 없어서 중고기라고 부르게 된' 것인지는 몰라도, 심산계곡 암자에서 만난 스님처럼 중고기는 수수하다. 밋밋하다 싶을 정도로 화려함과는 거리가 멀다. 하지만 화려하거나 빼어나지 않더라도 그 수수함으로 인해 충분히 매력적인 물고기로 다가온다. 먹물로 찍은 듯 흩뿌려져 있는 몸통을 바라보노라면 순박한 누이가 생각난다. 비록 꾸미지는 않았지만 그 수수함이 매력이던, 가마타고 먼 길을 떠난 누이의 자태처럼, 중고기는 토종 민물고기의 매력을 온몸으로 보여주는 물고기라 할 것이다.

14

고유어종

긴몰개 *Squalidus gracilis majimae*

오염된 물도 나를 막을 순 없다

❀다른 이름: 다른 이름에 대한 보고가 없음

- 영명: Korean slender gudgeon
- 분류: 잉어과
- 크기: 7~8cm
- 색깔: 연한 갈색
- 서식지: 서 · 남해의 각 하천
- 산란기: 5~6월
- 식성: 잡식성

보통 7~8cm 정도이며 최대 10cm까지 성장한다. 몸은 길고 원통형이며 약간 옆으로 납작하고, 꼬리부분은 옆으로 납작하다. 위턱이 아래턱보다 약간 더 길며, 가늘고 긴 입수염이 1쌍 있다. 눈

은 약간 큰 편이며, 옆줄이 몸의 중앙을 따라 나 있다. 유속이 완만한 하천이나 호수와 늪에서 살고 물풀이 우거진 곳을 매우 좋아한다.

긴몰개는 서해와 남해로 흐르는 강의 중상류 지역에 살고 있는 고유종이다. 완만한 유속의 물속을 떼 지어 활발히 헤엄치는데, 천적이 나타나면 사방으로 흩어졌다가 바로 다시 모여든다. 알을 낳는 시기는 5~6월로 주로 얕은 곳에서 자라는 물풀에 알을 붙인다. 고작 3mm 정도 크기인 알은 부화한 지 1년 만에 4cm로 자라며, 3년이 되면 어미가 된다.

한국의 특산어로 크기가 10cm밖에 되지 않는 종이지

만, 우리나라밖에 나오지 않고 유전적으로도 강한 내성을 갖고 있어서 오염된 물이나 흐린 물에서도 견디는 힘이 매우 강하다. 제대로 보호해야 할 의무가 있는 우리의 소중한 물고기이다.

15

고유어종

꺽지 Coreoperca herzi

감돌고기, 돌고기의 양아버지

❀다른 이름: 꺽정이, 꺽중이, 꺽제기, 꺽저구, 꺽다구, 꺽두구

- 영명: Korean aucha perch
- 분류: 농어목 꺽지과
- 크기: 15~20cm
- 색깔: 회갈색
- 서식지: 강원도, 섬진강 일대
- 산란기: 5~6월
- 식성: 육식성

자갈이 많은 강 상류나 물이 깨끗한 일급수에 서식하면서 5~6월에 자갈의 아랫면에 1층으로 알을 낳는다. 산란 후 수컷은 홀로 수정란을 지킨다. 가슴지느러미를 열심히 흔들며 알에게 부채질을 해 산소가 골고루

전달되게 하여 부화율을 높인다. 사나운 생김새가 꺽저기와 유사하지만 몸이 좀 더 날씬하며, 밤에 활동하는 야행성 어종이다.

꺽지 수컷이 보호하는 산란장에 감돌고기 무리가 침입하자마자 바로 탁란을 실시한다. 이들의 산란은 꺽지의 산란이 끝난 후에도 3~5일 동안 더 진행된다. 감돌고기 알의 부화는 대부분 꺽지의 알보다 먼저 이루어지고, 부화한 감돌고기의 새끼들은 즉시 숙주의 산란장을 떠난다. 아무것도 모른 채 홀로 산란장을 지키던 꺽지 수컷이 자리를 뜨자마자 미처 부화하지 못하고 산란장에 남겨진 꺽지와 감돌고기 알은 즉시 다른 어류에 의해 모두 섭식된다. 감돌고기는 자신의 알이 부화할 때까지 땀 한 방울 안

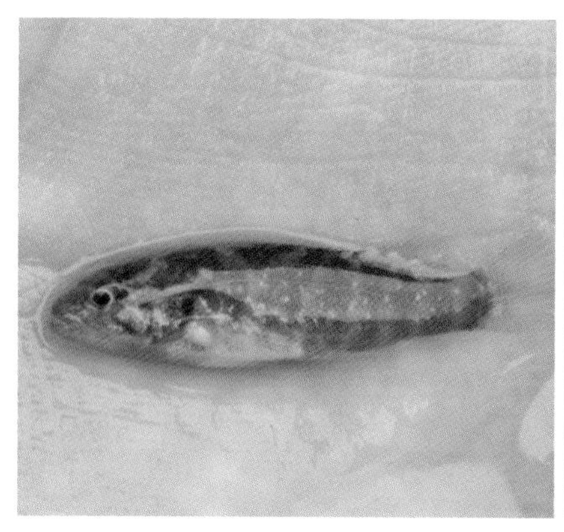

흘리고 그렇게 양아버지 꺽지의 보호를 받는다.

꺽지는 물살이 센 계류에서 잘 잡히고 맛이 좋아 일반인에게 사랑받는 어종이다. 강원도에서는 매운탕으로 즐긴다지만, 꺽지는 뭐니 뭐니 해도 회가 으뜸이다. 사람들은 회로 먹을 수 있는 민물고기 가운데서도 꺽지를 가장 좋은 생선으로 꼽는다. 비늘과 내장을 제거하고 뼈째 썬 꺽지 회는 상큼한 꺽지 특유의 냄새와 더불어 씹을수록 단맛이 나고 고소하다. 일급수 맑은 물에서만 서식하기 때문에 디스토마 감염 걱정 없이 먹을 수 있어서 더욱 맛있는지도 모른다.

16

고유어종

얼룩동사리 Odontobutis interrupta

민물의 스나이퍼

※다른 이름: 꾸구리, 구구락지, 조탱수, 멍충이

- 영명: dark sleeper
- 분류: 동사리과
- 크기: 10~15cm
- 색깔: 노란 갈색
- 서식지: 금강, 한강 수계
- 산란기: 4~6월
- 식성: 육식성

몸은 길고 후반부로 갈수록 옆으로 약간 납작하다. 머리 또한 위아래로 납작하지만 동사리처럼 심하지는 않으며 입이 크다. 흐름이 느린 여울이나 웅덩이에서 서식하며 수서곤충, 작은 물고기 등을 잡아먹는다. 산란기는 4~6월이며 돌 밑에 산란한 후

어미고기가 이를 지킨다. 몸 색은 황갈색이지만 알을 낳을 무렵 수컷은 더욱 검게 변한다.

농어목 동사리과에 속하는 얼룩동사리는 우리나라에만 서식하는 특산종이다. 분포지도 그리 넓지 않아 금강 이북, 한강 수계에서 집중적으로 발견된다. 서식지에 따라 차이가 있으나 일반적으로 머리와 등 부분에 흑갈색 얼룩무늬가 몸 전체에 퍼져 있다. 마치 적군을 기다리는 매복병의 군복처럼 보인다. 사실 이 무늬는 천적으로부터 자신을 보호하기 위한 얼룩동사리의 보호색이다.

그러나 이런 보호색을 적극 이용, 먹잇감을 포획하는 얼룩동사리의 사냥술은 그야말로 일품이다. 낮에는 돌 틈에서 휴식을 취하다가 밤이 되면 어슬렁거리며 서서히 다

가가서 일정한 거리를 두고 기회를 엿보다 먹잇감이 허점을 보이기만 하면 순식간에 달려들어 큰 입으로 삼켜버린다. 사냥이 눈 깜짝할 사이에 끝나는 바람에 먹잇감은 자기가 잡아먹혔는지도 모를 정도다.

그러나 맛있는 매운탕 감을 찾는 인간 앞에서는 민물의 저격수도 어쩔 도리가 없다. 얼룩동사리는 우락부락한 외모와 달리 담백한 맛이 일품이어서, 포획되면 놓아주는 경우가 별로 없이 그냥 매운탕 감이 되어버리기 때문이다. 번식기 때 '꾸구꾸구' 하는 소리로 운다고 꾸구리라는 사투리로도 불리는 얼룩동사리는 사촌격인 동사리와 함께 자신들의 정확한 이름도 모르는 사람들에게 오늘도 천렵의 낙을 제공해 주고 있다.

고유어종

각시붕어 Rhodeus uyekii

새색시를 꼭 닮은 물고기

❀다른 이름: 꽃붕어, 납작붕어, 납조라기, 납조리, 납주대기

- 영명: Korean rose bitterling
- 분류: 잉어목 납자루아과
- 크기: 4~5cm
- 색깔: 연한 갈색
- 서식지: 서 · 남해의 각 하천
- 산란기: 4~6월
- 식성: 잡식성

물의 흐름이 빠르지 않고 수초가 무성한 곳을 좋아한다. 동작이 잽싸지 못하기 때문에 위협을 느끼면 주로 수초 사이로 숨어버린다. 특이한 점은 민물조개 안에 알을 낳는다는 것인데, 납자루속과 납줄개속의

물고기들은 모두 이런 생태를 지니고 있다. 크기가 작고 귀여우면서도 은은한 파스텔톤이 아름답기에 관상어로 충분한 가치가 있다.

우리나라의 민물고기 중 관상 가치가 가장 높은 각시붕어는 납자루아과에 속하는 물고기로 성어의 크기는 겨우 4cm 정도이다. 비록 손바닥보다 작은 몸집을 지녔지만 생김새가 새색시처럼 고와 각시붕어라는 예쁜 이름을 가졌다. 평상시 몸빛도 곱지만 각시붕어가 더없이 예뻐질 때는 당연히 산란기를 맞아 혼인색을 띨 때이다.

각시붕어가 산란기를 맞으면 평소의 얌전함과는 달리 다른 수컷이 근처에 얼씬도 못하도록 기를 쓰고 막는다. 그러나 다른 수컷에게는 사납기 그지없지만 산란관을 요염하게 늘어뜨린 암컷이 다가오면 완전히 다른 물고기가

된다. 세상에서 가장 부드러운 모습으로 암컷을 맞으며 미리 차지한 민물조개 쪽으로 안내한다. 산란의 결정권은 암컷에게 있다. 암컷은 수컷의 마음과 달리 수컷의 외모에는 큰 관심이 없고 오로지 민물조개의 상태에 민감하다. 조개를 꼼꼼하게 살펴본 뒤 흡족해야 산란을 한다.

각시붕어가 낳는 알의 수는 무척 적다. 잉어나 붕어는 수천 개의 알을 낳는 반면 각시붕어는 수백 개의 알만을 낳는 것으로 알려지고 있다. 번식에 관한 한 다른 대부분의 물고기들이 낳는 알의 숫자로 승부를 걸 때 작고 느린 각시붕어는 부화의 효율을 높이는 전략을 선택한 것이니 그저 놀라울 뿐이다. 한편, 일본에서는 인공 조개를 개발하여 조개 없이도 각시붕어가 번식할 수 있는 수족관 세트를 만들어 판매하고 있다고 한다.

고유어종

금강모치 Rhynchocypris kumgangensis

이름도 아름다워라, 청정지역 귀공자

❀다른 이름: 버들쟁이, 산버들치, 산피리, 버드랑치, 용버들쟁이

- 영명: Kumgang fat minnow
- 분류: 잉어과
- 크기: 8~10cm
- 색깔: 연한 갈색
- 서식지: 강원도 청정수역
- 산란기: 4~5월
- 식성: 잡식성

냉수성 어종으로 물이 맑고 찬 계류에서 서식한다. 10cm 내외로 크기가 아주 작은 소형종이지만 계곡에서 살아가기에 알맞도록 날씬하면서도 균형 잡힌 몸이 귀공자의 위엄을 갖춘 것처럼 보인다. 몸의 형태는

버들치와 유사하다. 머리는 보통으로 주둥이는 끝이 뾰족하다. 옆에서 보면 중앙을 가로지르는 금빛 광택의 줄무늬가 보인다.

만산홍엽으로 차려입은 심산유곡. 그 계곡의 물 속 세상에서 붉은 단풍과 흐르는 구름과 함께 금강모치들이 군무를 추고 있다. 맑은 물에서만 살다 보니 눈이 초롱초롱 빛날 정도로 맑다. 금강모치는 한여름에도 수온이 20도를 넘지 않는 강의 상류에서 산다. 주로 물의 중층에서 노닐며 수서곤충이나 갑각류 등을 먹이로 한다. 산란기에는 수백 마리가 실타래처럼 어울려 여울의 자갈에 산란을 한다.

금강모치는 우리나라의 고유어종이다. 북한 일부 지역

과 남한의 한강과 금강 수계에 극히 드물게 서식했으나 최근 금강에서는 발견하기가 무척 힘들어졌다. 현재는 강원도 인제, 평창, 정선 등의 청정수역에만 아주 적은 수가 살고 있다. 이름의 유래는 확실하지 않으나 금강산 자락에서 처음 눈에 띄어서 이런 이름이 붙었다고 하기도 하고, 금강에 사는 귀여운 물고기라는 뜻에서 나왔다고도 한다.

19

고유어종

좀수수치 Kichulchoia brevifasciata

제발 날 좀 구해주세요!

❀다른 이름: 어럼치, 으름치, 어름치기, 한내

- 영명: 없음
- 분류: 미꾸리과
- 크기: 약 5cm
- 색깔: 연한 갈색
- 서식지: 전남 연안지역 하천
- 산란기: 4~5월
- 식성: 잡식성

몸은 소형으로 길고 약간 옆으로 납작하며, 뒤쪽으로 갈수록 옆으로 납작해진다. 눈과 입이 작고, 입수염이 3쌍 있으며 옆줄은 불완전하다. 등지느러미와 꼬리지느러미에도 갈색 반점으로 이루어진 3~4줄의 줄무늬가 있으며, 꼬리지

느러미 기부 위쪽에 검은 반점이 있다. 머리에도 갈색의 작은 반점이 흩어져 있다.

'좀'은 작다는 의미로 좀수수치는 작은 수수치, 즉 작은 미꾸리라는 뜻의 이름이다. 5cm 정도로 우리나라 미꾸리류 16종 중 제일 작고 낙동강의 특산종인 수수미꾸리와 모양과 습성이 유사하며, 고대 해빙기에 반도나 섬의 작고 열악한 하천에 고립되면서 왜소하게 진화한 듯 보인다.

이 물고기는 1995년 학계에 신종으로 발표되었고, 1996년엔 특정 야생동식물로 지정돼 법정 보호종이 됐지만, 환경부는 이 종의 보호를 지역 주민들에게 맡긴다는 구실로 2005년 보호종을 새로 지정하면서 좀수수치를 뺐다. 그러나 우리나라에서 가장 희소하며, 가장 위급한 멸종위기를 맞고 있는 민물고기가 이 종이다. 우리나라 고유종인 좀수수치가 멸종되면 세계 어디에서도 이 물고기를 다시는 볼 수 없게 된다. 천연기념물 6종, 멸종위기 1급 4종, 멸종위기 2급 12종, 총 22종의 보호대상어종보다 더 우선해서 보호해야 할 위기의 물고기가 바로 좀수수치인 것이다.

20 칼납자루 *Acheilognathus koreensis*

고유어종

색깔이 아름다워 슬픈 물고기

❀다른 이름: 각시붕어, 꽃납지래기, 꽃붕어, 납자루, 납조라기

- 영명: oily bitterling
- 분류: 잉어목 납자루아과
- 크기: 6~10cm
- 색깔: 진한 갈색
- 서식지: 금강 이남의 각 하천
- 산란기: 5~6월
- 식성: 잡식성

크기는 보통 6~8cm 정도이며 최대 10cm까지 성장한다. 몸은 옆으로 납작하며 몸높이는 높은 편이다. 위턱이 아래턱보다 약간 더 길며, 주둥이에는 1쌍의 입수염이 있다. 전체적으로 갈색을 띠지만 등 쪽이 배 부분보다 짙은

색깔을 띤다. 짙은 노랑의 세로띠와 엷은 흰색의 띠가 이어지며 산란기를 맞은 수컷은 노란색이 더 진해진다.

대다수의 사람은 토종 민물고기를 매운탕 감으로만 취급하고 관상어로는 적절하지 않다고 생각한다. 그러나 이는 우리 민물고기에 대한 지식 부족과 무관심에 기인한 것이다. 토종 민물고기 중에도 열대어 못지않게 아름다운 물고기가 많이 있다. 특히 칼납자루, 묵납자루 등의 납자루아과 물고기들은 열대어 빰칠 정도로 자태나 색상이 뛰어나다. 이 가운데 칼납자루는 세계에서 유일하게 우리나라에만 자생하는 한국 고유의 민물고기이다.

몸이 납작하고 체고가 높으며 입수염이 한 쌍 달려 있는 것은 다른 납자루아과의 물고기들과 그 생김새가 비슷

하지만 체색은 전혀 다르다. 친척 일가 물고기들이 전체적으로 은백색을 띠는 것에 비해 칼납자루는 몸 전체가 암갈색과 진노랑 색으로 물들어 있다. 또한, 칼납자루도 다른 납자루들처럼 매우 특이한 번식 행태를 보인다. 물풀이나 돌 틈이 아닌 민물조개의 체내에 산란을 하는 것이다. 5,6월 봄이 무르익어 꽃가루가 바람에 날리는 시기가 되면 수컷은 헌옷을 버리고 아름다운 혼인색으로 탈바꿈하는데, 몸 전체가 흑갈색의 구릿빛으로 물들고 지느러미는 더욱 커져 화려함을 한껏 뽐낸다.

21 쉬리 *Coreoleuciscus splendidus*

고유어종

여울의 새색시

※다른 이름: 여울각시, 기생피리, 연애각시, 가살피리, 가새피리

- 영명: slender shiner
- 분류: 잉어목 모래무지아과
- 크기: 10~15cm
- 색깔: 연한 갈색
- 서식지: 전국 하천의 1급수
- 산란기: 5~6월
- 식성: 잡식성

수심이 얕고 맑은 하천의 중·상류에 살며 바닥에 자갈이 깔린 여울을 좋아한다. 냉수어종이라 물이 차갑고 산소량이 풍부한 곳에서 동물성 플랑크톤이나 유기물, 수서곤충 등을 주로 먹는다. 산란기는 5~6월이며, 수온이 20~25℃ 범

위일 때 자갈바닥에서 산란한다.

다른 이름인 여울각시에서 알 수 있듯이 몸집이 작으면서 예쁜 외모를 갖고 있는 물고기이다. 쉬리는 색채가 곱고 아름답다. 마치 동화 속의 요정처럼 아름다운 모습이다. 몸 중앙을 가로지르는 하늘빛 띠와 그 아래로 흐르는 영롱한 황금 띠는 눈이 부실 정도다. 서식하는 수계에 따라 무늬패턴이 달라서 더욱 흥미로운데, 때때로 진보라색이나 주황색 띠를 가진 개체도 있어 보는 이로 하여금 탄성을 자아내게 한다. 민물고기 연구가들이나 애호가들이 가장 사랑해 왔던 토종 민물고기 중 하나로서 이미 조선시대부터 그 아름다움으로 이름이 높았다. 물론 열대어나 관상어같이 화려한 것은 아니다. 그러나 날렵하게 잘 빠진 몸매와 깔끔한 줄무늬로 세련된 매력을 흠뻑 느낄 수 있다. 특히 산란기에 맑은 여울에서 헤엄치는 맵시는 우아한 자태로 남정네를 유혹하는 아리따운 여인의 모습을 연상시킨다.

전 세계에서 오직 우리나라에만 자생하는 특산종 쉬리는 일급수에서만 서식하는 생태습성으로 인해 점점 발견하기가 어려워지고 있다. 4대강 등으로 여울을 없애고 강을 깊게 만들면서 쉬리가 살 수 없는 곳이 점점 늘어났기 때문이다.

22 큰줄납자루 *Acheilognathus majusculu*

고유어종

섬진강 벚꽃길 40리를 거슬러 옵니다

❀다른 이름: 각시붕어, 꽃납지래기, 꽃붕어, 줄납저리

- 영명: large striped bitterling
- 분류: 잉어목 납자루아과
- 크기: 8~12cm
- 색깔: 청갈색
- 서식지: 섬진강, 낙동강 일부
- 산란기: 4~6월
- 식성: 잡식성

몸은 긴 타원형으로 옆으로 납작하고 몸높이는 높지 않다. 주둥이는 앞으로 돌출되었다. 입은 크며 말굽 모양이고 위턱이 짧다. 입 주변에는 한 쌍의 입수염이 있으며, 눈 지름의 반보다 길다. 수심이 제법 깊

고, 큰 돌이 깔려 있는 흐르는 곳의 바닥 가까이에 산다. 산란기의 수컷은 푸른색이 더욱 진해진다.

섬진강과 낙동강 수계에서만 살며, 낙동강에서는 줄납자루와 같이 서식하는 모습이 목격되기도 하지만 섬진강에서는 큰줄납자루만 발견된다. 은근한 멋을 자아내는 푸른 띠가 햇살을 받으면 더욱 빛을 발해 관상어로 키우기

에 안성맞춤이다.

산란기는 봄기운이 스멀스멀 피어오르는 4월 하순에서 6월 상순으로 민물조개의 체내에 알을 낳는다. 산란기가 되면 암컷의 회색 산란관이 길어지고 수컷은 푸른 혼인색으로 몸을 치장한다.

우리나라 고유종으로 압록강에서도 분포하는 것으로 알려져 있다.

23 통가리 Liobagrus andersoni

고유어종

물속의 노란 말벌

❀다른 이름: 탱가리, 탱과리, 탱수, 퉁거니, 퉁구바리, 퉁구텡이

- 영명: Korean torrent catfish
- 분류: 메기목 퉁가리과
- 크기: 약 10cm
- 색깔: 짙은 주황색
- 서식지: 한강 이북의 각 하천
- 산란기: 5~7월
- 식성: 잡식성

전장 10cm 전후로 성장하며 납작한 주둥이에는 4쌍의 수염이 달려 있는데, 2쌍은 길고 나머지 2쌍은 상대적으로 짧다. 눈은 매우 작고 뒷부분이 튀어나와 있다. 몸에는 비늘이 없고 끈적끈적한 점액질로 덮여

있어서 몸이 매우 미끄러워 수중 장애물에서 잘 빠져 나갈 수 있다. 가슴지느러미의 가시를 방어용 독침으로 사용해 자신을 보호한다.

퉁가리는 우리나라 청정 하천에 사는 10㎝ 정도 크기의 축소형 메기이다. 특이한 이름과 어울리게 생김새도 독특한데, 몸은 길쭉하고 머리 부분은 밑으로 납작하면서 둥그스름하다. 입 주둥이에는 4쌍의 수염이 달려 있어서 이 수염을 이용해 돌 밑을 파고들거나 먹이 사냥을 한다.

퉁가리를 처음 본 사람들은 조금 둔해 보이는 모습만 보고 약한 물고기로 판단할지 모르지만, 실제로는 강하고 스스로 자신을 보호하기 위한 신체구조를 가지고 있다. 천적으로부터 방어하기 위해 마치 양반집 규수의 은장도처럼 독가시를 품고 있는 것이다. 바로 가슴지느러미의 가시가 그것으로, 여기에 쏘이면 매우 아프다. 이 물고기를 잘 모르는 사람들이 하천에서 천렵을 하다가 쏘여서 곤욕을 치르는 것을 가끔 볼 수 있다. 맨손으로 퉁가리를 잡으면 안 된다. 물 밖에서는 노란 말벌, 물속에서는 노란 퉁가리를 항상 조심해야 한다.

퉁가리는 또한 민물매운탕 감으로 일품이어서 평창강 일대에선 일명 퉁가리보쌈이 등장한다. 퉁가리보쌈이란

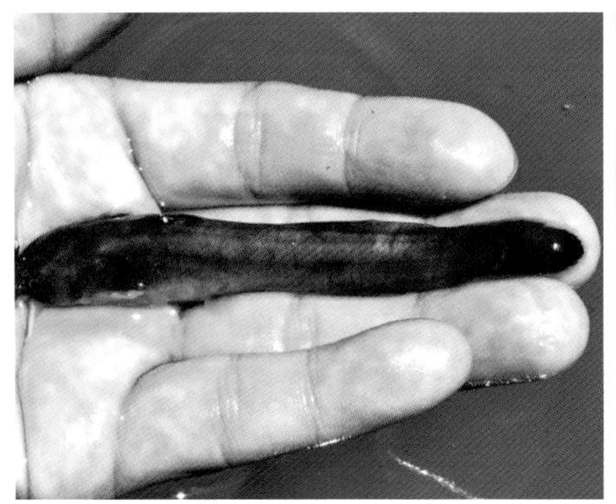
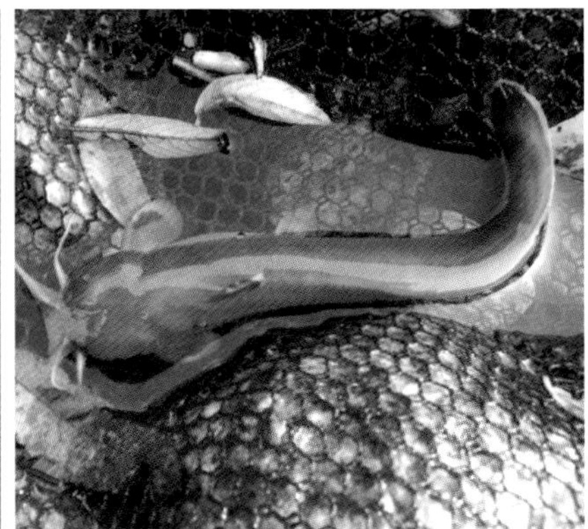

작은 플라스틱 함지에 밤톨만하게 뭉친 미끼를 넣고 구멍을 낸 명주보자기로 꼭꼭 싸맨 뒤 퉁가리를 잡는 방법인데, 해질 무렵 물속에 담가두었다가 2~3시간 뒤 꺼내면 퉁가리들이 빼곡히 들어 있다고 한다. 이때 쓰는 미끼는 잠자리 유충인 꼬내기로, 까만 애벌레인 꼬내기에서 퍼져나가는 구수한 냄새에 취한 퉁가리들을 바구니 속으로 유인해 잡는 방법이다.

퉁가리는 감자와 파 마늘 등의 간단한 양념에 고추장을 풀어 매운탕으로 푹 끓여먹으면 담백하면서도 개운한 맛이 난다. 횟감으로 이용해도 살맛이 고소한 것이 그야말로 일품이다.

24

고유어종

한강납줄개 Rhodeus psedosericeus

수수하면서도 중후한 금빛

❀다른 이름: 색붕어, 아무르망성어

- 영명: Hangang bitterling
- 분류: 잉어목 납자루아과
- 크기: 5~9cm
- 색깔: 회갈색
- 서식지: 2급수 하천, 저수지
- 산란기: 4~6월
- 식성: 잡식성

몸은 옆으로 매우 납작하며 몸높이가 제법 높다. 주둥이는 앞으로 뾰족하고 입은 작은 편이다. 회갈색에 가깝지만 아래로 갈수록 연해져 배 부분은 은백색에 가깝다. 몸의 중앙을 따라 청색의 띠가 꼬리까지 이어져 있으

며 등지느러미와 뒷지느러미에도 세 줄의 어두운 줄무늬가 있다.

유속이 느리고 수초가 많은 하천이나 저수지 등 2급수에서 산다. 산란기는 4~6월경이며 민물조개의 몸 안에 산란, 수정시킨다. 잡식성으로 유기물, 플랑크톤, 수서곤충, 갑각류 등을 주로 먹는다.

2001년에 신종으로 등록된 우리나라 고유종으로 남한

강 수계의 횡성, 양평 지역의 하천에만 제한적으로 분포한다. 처음에는 비슷한 생김새인 납줄개와 구별 못해 동해안으로 유입하는 하천에 분포한다고 알려졌었다. 그러나 1993년 남한강의 지류인 섬강(강원도 횡성)에도 납줄개가 서식하고 있다고 보고되었고, 남한강 지류에서 채집된 표본을 비교한 결과, 아종인 납줄개와는 구별된다며 신종으로 규정하고 한강납줄개라고 명명하였다.

25

치리 *Hemiculter eigenmanni*

고유어종

낚시꾼들의 공공의 적

※다른 이름: 개날치, 깨묵날치, 꽃날치, 꽃치리

- 영명: Korean sharpbelly
- 분류: 잉어과
- 크기: 20~30cm
- 색깔: 은백색
- 서식지: 한강 이남, 낙동강
- 산란기: 6~7월
- 식성: 잡식성

몸은 피라미와 유사하지만 좀 더 길고 옆으로 심하게 납작하다. 가슴지느러미 밑에서부터 항문 앞까지 칼날돌기가 나 있다. 아래턱이 위턱보다 조금 더 길어 입이 위쪽을 향하고, 비늘은 크고 얇아 잘 벗겨진다. 옆줄은 완전하

나 배 쪽으로 심하게 휘어져 있으며 입수염은 없다. 꼬리 지느러미는 위아래 조각으로 깊게 갈라지고 끝은 뾰족하다.

우리나라에만 서식하고 있는 물고기이다. 크기는 약 20cm 정도이고, 은빛으로 빛나는 매끈하고 날렵한 몸이 첫눈에 봐도 멋지다. 호수나 늪, 물이 완만하게 흐르는 하천 등지에서 살며, 잡식성이지만 식물의 부서진 조각이나 씨를 주식으로 한다. 물의 표층이나 중층을 활발히 헤엄치고 다니며, 놀랐을 때는 재빨리 흩어졌다가 바로 다시 모여든다. 식용으로 하지만 좋은 평을 받지는 못한다. 낚시꾼들에게는 미끼만 따먹는다고 해서 미움을 받고 있지만, 요즘 들어 관상어로 환영을 받고 있다.

찾아보기

사진으로 쉽게 알아보는 **한국의 민물고기 도감**

초판 1쇄 인쇄 2021년 10월 10일
초판 1쇄 발행 2021년 10월 15일

펴낸이 김동석
엮은이 자연과 함께하는 사람들
펴낸곳 문학사계
등록번호 제2010-000018호(2010. 4. 5)

전국총판 윤미디어
전화 02)972-1474
팩스 02)979-7605
전자우편 yunmedia93@naver.com

ISBN 979-11-85825-50-2 (13490)